目　次

前　言

本标准按照 GB/T 1.1—2009《标准化工作导则　第1部分：标准的结构和编写》给出的规则起草。

本标准附录 B、C、D 为资料性附录，附录 A、E、F、G、H、I、J、K 为规范性附录。

本标准由中国地质灾害防治工程行业协会提出并归口。

本标准主要起草单位：中煤地质工程总公司、北京中地华安地质勘查有限公司、江苏省地质矿产勘查局第三地质大队。

本标准参与起草单位：中国建筑材料工业地质勘查中心、中化地质矿山总局化工地质调查总院、北京市水利规划设计研究院、贵州省地质环境监测院。

本标准主要起草人：张立才、刘福胜、王庆学、姜正义、颜宇森、高姣姣、刘宝田、巫银平、王英坡、程斐、周志明、苏志军、程凌鹏、裴永炜、霍世忠、左伟、李国臣。

本标准由中国地质灾害防治工程行业协会负责解释。

场地地质灾害危险性评估技术要求(试行)

1 适用范围

本标准适用于拟建建设项目(水利水电工程、线状建设工程除外),含新建、改建或扩建的工商业及民用建设项目,亦适用于城镇村庄、农村居民点建设场地及各类经济开发区规划项目的地质灾害危险性评估。

2 规范性引用文件

下列文件中的条款通过本标准的引用而成为本标准的条款。其最新版本包括勘误部分亦适用于本标准。

GB/T 32864—2016 滑坡防治工程勘查规范
GB 18306—2015 中国地震动参数区划图
GB 50011—2010 建筑抗震设计规范
DB 50/143—2003 地质灾害防治工程勘察规范
GB 50330—2013 建筑边坡工程技术规范
GB 50007—2002 建筑地基基础设计规范
GB 50021—2001 岩土工程勘察规范
DZ/T 0286—2015 地质灾害危险性评估规范
DZ/T 0221—2006 崩塌、滑坡、泥石流监测规范
DZ/T 0219—2006 滑坡防治工程设计与施工技术规范
DZ/T 0220—2006 泥石流灾害防治工程勘查规范

3 术语及定义

3.1

场地 area

拟建建设项目(水利水电工程、线状建设工程除外)含新建、改建或扩建的工商业及民用建设项目用地,城镇村庄、农村居民点建设用地及各类经济开发区规划用地。

3.2

规划用地 planed land

符合土地利用总体规划,并依法批准已确定规划用途的土地,主要指城镇村庄及各类经济开发区规划阶段的用地。

3.3

建设用地 land used for building project

依法取得拟实施具体建设项目的用地。

3.4

地质灾害隐患 hidden danger of geological hazard

危及人类生命或财产安全、破坏生态环境的崩塌、滑坡、泥石流、地面塌陷、地裂缝和地面沉降等地质灾害潜在风险。

3.5

地质灾害危害程度 hazard rating of geological hazard

因地质灾害造成或可能造成的人员伤亡、经济损失与生态环境破坏的程度。

3.6

地质灾害危险区 danger area of geological hazard

可能发生地质灾害并造成人员伤亡、财产损失及对生态环境造成破坏的区域。

3.7

地质灾害危险性 risk of geological hazard

发生地质灾害的可能性及危害程度，按危险性大小分为危险性大、中等和小。

4 总则

4.1 地质灾害危险性评估一般应在建设及规划项目选址可行性研究阶段进行。

4.2 地质灾害危险性评估的灾种主要包括崩塌、滑坡、泥石流、地面塌陷、地裂缝、地面沉降等地质灾害。

4.3 评估前，应收集场地及周边地质环境背景资料，并开展地质环境调查，划定评估区范围，编制评估工作大纲。

4.4 应对评估区内地质灾害发育现状进行现状评估；对项目本身引发、加剧及其可能遭受地质灾害危险性做出预测评估；结合现状评估及预测评估的结果给出综合评估结论；评估场地对建设或规划内容的适宜性等级；针对场地存在的地质灾害类型，提出有针对性的防治措施和建议。

4.5 评估应与工程建设或规划内容紧密结合，当工程建设或规划场地范围、内容做出较大调整或地质环境条件发生重大变化时，应对原报告做出的场地危险性分区及场地适宜性评估结论进行重新评估，重新编制地质灾害危险性评估报告。

4.6 评估应以定性、半定量为主，评估区内地质灾害易发程度或发育程度高的区域宜采用定量评估方法。

4.7 本标准未提及的其他类型地质灾害依据地方性评估规范、标准及评估技术要求进行评估。

4.8 地质灾害危险性评估不能代替地质灾害勘查、工程地质勘察等有关工作。

5 评估工作程序

5.1 评估开始前，首先对拟建建设或规划内容进行初步分析，收集场地及周边地质环境背景资料并进行现场踏勘，在此基础上对地质环境条件进行初步分析，编制评估工作大纲。

5.2 在地质环境调查的基础上，确定评估区，划分评估工作等级。

5.3 查明评估区内的地质灾害类型、数量和发育特点。

5.4 对评估区地质灾害危险性进行现状评估、预测评估和综合评估，给出场地适宜性分区结论，并针对场地内地质灾害提出相应的防治措施及建议，编制地质灾害危险性评估报告。

5.5 专家评审，提交评估报告(附录 A)。

6 评估方法

6.1 评估区确定

评估区范围应在地质灾害调查的基础上，结合场地建设或规划内容及其可能存在的地质灾害类型予以确定。

6.1.1 崩塌评估范围应以崩塌体及其影响的区域之和为限。

6.1.2 滑坡评估范围应以滑坡体及其影响的区域之和为限。

6.1.3 泥石流评估范围应以整个泥石流汇水区域的沟谷和坡面及其影响区域之和为限。

6.1.4 地面塌陷评估范围应以场地本身及其周边波及区域之和为限。

6.1.5 地裂缝的评估范围应以场地本身及受其波及范围之和为限。

6.1.6 地面沉降评估范围应以场地本身及受其波及范围之和为限。

6.1.7 场地位于抗震设防Ⅶ度及以上区域时，场地内分布有可能产生明显错位或构造性地裂缝的全新世活动断裂或发震断裂，评估范围应尽量将邻近地区活动断裂的一些特殊构造部位——不同方向的活动断裂的交会部位、活动断裂的拐弯段、强烈活动部位、端点及断面上下平滑处等包括其中。

6.2 评估级别的确定

根据地质环境条件复杂程度与场地建设或规划项目的重要性按表1进行场地地质灾害危险性评估分级，分为一级、二级和三级。

6.2.1 地质环境条件复杂程度划分依据地形地貌、区域地质背景、地质构造、地层岩性及工程地质特性、水文地质条件、地质灾害发育现状及人类工程活动等因素按表2划分为复杂、中等、简单三个等级。

6.2.2 建设或规划项目的重要性依据项目的类别、投资、对经济及环境影响程度按附录C划分为：重要、较重要和一般。

表1 地质灾害危险性评估分级表

建设项目重要性	地质环境条件复杂程度		
	复杂	中等	简单
重要建设项目	一级	一级	二级
较重要建设项目	一级	二级	三级
一般建设项目	二级	三级	三级

表2 地质环境条件复杂程度分类表

判别因素	地质环境条件复杂程度		
	复杂	中等	简单
地形地貌	地形复杂，地貌类型多样，地形坡度以大于25°的为主，相对高差大于200 m	地形较简单，地貌类型少，地形坡度以8°～25°的为主，相对高差50 m～200 m	地形简单，地貌类型单一，地形坡度小于8°，相对高差小于50 m
区域地质背景	区域地质构造条件复杂，场地内发育有全新世活动断裂，位于区域地壳不稳定或次稳定区，地震设防烈度＞Ⅷ度，地震动峰值加速度＞0.20 *g*	区域地质构造条件较复杂，场地附近有全新世活动断裂，位于区域地壳基本稳定区，地震设防烈度Ⅶ度～Ⅷ度，地震动峰值加速度0.10 *g*～0.20 *g*	区域地质构造条件简单，场地及附近无全新世活动断裂，位于区域地壳稳定区，地震设防烈度≤Ⅵ度，地震动峰值加速度＜0.10 *g*

表 2　地质环境条件复杂程度分类表(续)

判别因素	地质环境条件复杂程度		
	复杂	中等	简单
地层岩性及工程地质性质	岩性岩相变化大,岩体以碎裂、散体结构为主,或岩溶发育;有多层土体性质或厚度差异巨大,有特殊性土(软土除外)	岩性岩相有变化,岩体以薄—厚层状为主,岩溶较发育;多层土体性质或厚度变化较大,有软土分布	岩性单一,岩体以厚层—整体为主,岩溶不发育;土层简单,无软土分布
地质构造	地质构造复杂,褶皱断裂发育,位于区域性断裂带上或多组断层交错,岩体破碎,节理裂隙发育	地质构造较复杂,有褶皱、断裂分布,岩体较破碎,节理裂隙较发育	地质构造简单,无褶皱、断裂,岩体较破碎,节理裂隙不发育
水文地质条件	水文地质条件不良,水位年际变化＞20 m,地下水对岩土体性质或工程影响大	水文地质条件较差,水位年际变化 5 m～20 m,地下水对岩土体性质或工程影响中等	水文地质条件良好,水位年际变化＜5 m,地下水对岩土体性质或工程影响小
地质灾害发育现状	地质灾害发育强烈,地质灾害存在两种及以上且规模为中等以上;或单种地质灾害规模为大型的,灾情大	地质灾害发育中等,地质灾害存在两种以下或规模为小型的;单种地质灾害规模为中型及以下的,灾情中等	地质灾害不发育,一般无现状地质灾害或个别小型地质灾害,灾情小
人类工程活动	改变地质环境的人类工程活动强烈,有不稳定边坡且影响大,有浅埋洞室;地下采空区规模较大	改变地质环境的人类工程活动较强烈,有稳定性较差的边坡;有地下洞室;地下存在采空区	改变地质环境的人类工程活动一般,无不稳定边坡,无地下洞室,无地下采空区
注:地质环境条件复杂程度由复杂向简单推定原则确定该等级。			

6.3　评估总体要求

6.3.1　评估应遵循“区内相似、区际相异”原则,一般采用类比法、成因历史分析法、层次分析法、数学统计法等定性-半定量分析法进行。一级评估应查明评估区内的地质环境条件和存在的地质灾害类型、分布,给出现状、预测、综合评估及场地适宜性结论;二级评估应基本查明场地内的地质环境条件和存在的地质灾害类型、分布,给出现状、预测、综合评估及场地适宜性结论;三级评估应在初步查明场地内的地质环境条件和存在的地质灾害类型、分布的基础上,给出现状、预测、综合评估及场地适宜性结论。

6.3.2　评估应按地质灾害类别分类、分区逐一进行。当有多灾种存在时,还应考虑地质灾害的叠加作用,采用就高不就低的原则确定其危害程度及危险性等级。

6.3.3　场地位于山区的宜有地形图、地质构造图,位于平原区的宜有第四系等厚线图、基底构造图及反映微地貌的地貌图及照片。

6.3.4　评估区内应有代表性的工程地质特征指标数据。工程地质条件中等及复杂的宜有工程地质分区图,并且每个分区宜有代表性的工程地质特征指标值。

6.3.5　水文地质条件中等—复杂的,宜有水文地质图及水位等值线图;水文地质条件简单的,可用文字做出说明。

6.3.6　评估崩塌、滑坡灾害时,应对已发生的灾情收集灾情统计资料。此外还应收集项目所在地多年降水量特征、极端天气小时降水量和最大过程降水量资料。地层结构面不清楚时可采用探槽或浅井来揭露崩塌、滑坡的地层结构、裂隙发育、地下水情况,并取样测试,分析计算可能发生的致灾地质体稳定性。

6.3.7 评估泥石流灾害时，宜有揭露沟谷或坡面纵向剖面、横向的松散物的剖面图；论述地下水、物源分布情况，宜有项目所在地多年以上降水量数据、极端天气小时降水量和最大过程降水量资料。统计已发生的泥石流规模、危害程度，分析计算可能发生的泥石流地质灾害的危险性等级。

6.3.8 评估采空塌陷灾害时，现状评估应有半定量-定量叙述。另宜有详细的地下矿体采掘时间和采掘工程图，计算并评价采空塌陷特征及其稳定性。对历史上分布不明的采空区但易于查明的，可采用钻探或物探相结合的方法进行勘查，查明其塌陷冒落情况，划分三带发育高度，预测场地稳定性和危险性等级；对不明的深层采空区可以取得的地表监测数据为基础进行评估。

6.3.9 评估岩溶塌陷灾害时，宜有详细的可溶性岩体埋藏分布资料，查明含水层之间的水力联系程度；宜有多年以上水位动态资料，分析水位变化趋势及水化学特征对可溶岩的影响；查明现状岩溶塌陷发育程度及灾情；条件不明的宜采用物探、钻探相结合的方法进行勘查，钻探孔布置及孔深可根据物探结果进行优化，详细编录钻进时地层变化情况、浆液漏失情况、岩芯完整性、取芯率、岩溶发育情况、地下水位等，根据勘查结果预测场地稳定性和危险性等级。

6.3.10 评估以地下水水位降低为主因引发的地面沉降、地裂缝时，应首先了解评估区地面沉降、地裂缝发育现状，应有详细的地层层序结构及各含水层空间分布特征，以及评估区附近丰水期、枯水期各含水层的水位等值线图；宜有多年以上长期的水位动态资料，详细分析水位变化趋势对地面沉降、地裂缝的影响，以此来预测场地及评估区稳定性和危险性等级。

6.3.11 对可能存在以活动断裂为主因引发的地裂缝、崩塌、滑坡、泥石流、岩溶塌陷等地质灾害的场地，应分析活动断裂和各地质灾害隐患点的关联性，以此来预测场地及评估区稳定性和危险性等级。

6.3.12 应对拟建建设或规划项目本身可能引发或加剧的及其可能遭受的地质灾害分别进行评估，对因需治理地质灾害而增加的费用成本进行全面估算。对评估区分区(段)划分出危险性等级，说明各区(段)所有地质灾害种类和危害程度，针对建设或规划项目本身对场地的适宜性做出评估，并提出有效可行的防治措施与建议。

6.4 地质灾害危险性等级划分

6.4.1 地质灾害的危害程度，可从灾情、险情两个方面划分为危害大、危害中等、危害小三个等级，按表 3 确定。

6.4.2 地质灾害危险性等级应根据地质灾害的易发程度及发育程度划分为危险性大、危险性中等和危险性小三个等级，按表 4 确定。

表 3 地质灾害灾情与险情的分级标准

危害程度级别	灾情		险情	
	死亡人数/人	直接经济损失/万元	受威胁人数/人	可能直接经济损失/万元
危害大	≥10	≥500	≥100	≥500
危害中等	3～9	100～500	10～100	100～500
危害小	≤3	≤100	≤10	≤100

注 1:灾情，即已发生的地质灾害灾度分级，采用“死亡人数”“直接经济损失”栏指标评价。

注 2:危害程度，即对可能发生的地质灾害危险程度的预测分级，采用“受威胁人数”或“可能直接经济损失”栏指标评价。

表 4 地质灾害危险性分级表

危害程度	发育程度	危险性等级
危害大	强发育	危险性大
	中等发育	危险性大
	弱发育	危险性中等
危害中等	强发育	危险性大
	中等发育	危险性中等
	弱发育	危险性中等
危害小	强发育	危险性中等
	中等发育	危险性小
	弱发育	危险性小
注 1:现状评估用灾情、预测评估用危害程度。 注 2:危害程度应计算受危害建设工程本身和相邻建筑物的威胁人数或经济损失之和。		

7 地质环境调查

7.1 基本要求

7.1.1 场地地质环境调查应以收集资料和现场地质测绘为主,必要时可投入物探、坑槽探、浅井、钻探、室内试验以及原位测试等技术手段以取得地质环境背景资料。具体调查内容应结合场地地质环境条件和项目特点进行,其深度和广度要有侧重和针对性。

7.1.2 调查前应充分收集相关资料,评述其可利用程度和存在的问题。

7.1.3 依据评估级别及场地地质灾害类型特征选用合适的调查精度和内容,一般要满足 1∶10 000 调查精度要求。地质环境条件中等—复杂的宜选择大比例尺、高精度的地形地质图(或地形图)作为调查手图,成图比例尺以能够清晰反映地质灾害展布特征进行选取,且宜有反映微地貌和岩土结构特征的剖面图。对收集到的资料及完成的工作量进行详细列表说明。

7.2 调查范围

调查范围应根据场地建设或规划项目的特点、可能存在的地质灾害类型及其影响范围来确定,调查范围应大于评估范围。

7.2.1 调查点的布设应满足下列要求:

a) 布置在地质构造线、地层接触线、岩性分界线、不同地貌单元及微地貌单元的分界线、地下水露头以及各种不良地质现象分布的地段。

b) 调查点的密度可根据评估区的地质环境条件、成图比例尺及拟建工程特点等确定,按成图比例尺一般一级评估每平方分米不少于 5 个点,二级评估不少于 3 个点,三级评估不应少于 2 个点,重点地段可适当加密调查点数量。

7.2.2 调查点的记录应准确、条理清晰、文图相符。重要的调查点应附素描图、柱状图、剖面图或照片。

7.3 调查内容

7.3.1 气象水文

7.3.1.1 调查降水、蒸发等气象特征值，包括长周期年降水量变化特征，最大日降水量、最大过程降水量，一次降雨过程中连续大雨、暴雨天数及其年内时段分布等气象特征。对存在泥石流地质灾害或灾害隐患的场地，应有更详尽的极端降水量气象特征值。

7.3.1.2 收集多年年平均气温、极端最高气温、极端最低温度、日照时数、日照率、无霜期天数、冻土时间、最大冻土深度、多年平均冻土深度等资料。

7.3.1.3 收集流域汇流面积，径流特征，主要河、湖及其他地表水体(包括湿地、季节性积水洼地)的流量和水位动态，最高洪水位和最低枯水位高程及出现日期和持续时间，汛期洪水频率及变幅等资料。

7.3.1.4 场地位于海岸带时，应收集当地的最高、最低潮位和多年平均高(低)潮位等资料。

7.3.2 地形地貌

7.3.2.1 调查天然地貌成因类型、分布位置、形态与组合特征、过渡关系与相对时代；斜坡的形态、类型、结构、坡度、高度，沟谷、河谷、河漫滩、阶地、冲洪积扇等分布特征，植被发育情况。

7.3.2.2 调查人工地貌类型(包括人工边坡、露天采矿场、水库、大坝、堤防、弃渣等)、分布位置、形态特征、规模、形成时间、运行现状和对工程的影响等，调查建(构)筑物分布情况。

7.3.2.3 在海岸带，应收集沿岸水下地形图或海图资料，划分海岸、潮间带及水下岸坡地貌类型，并调查其形态特征及物质组成。

7.3.3 区域地质背景

7.3.3.1 收集区域地质及构造背景资料，包括经历过的构造运动性质和时代，各种构造形迹的特征、主要构造线的展布方向等，分析判断在其背景下可能发育的地质灾害与评估区的关系。

7.3.3.2 收集评估区及周边活动性断裂的规模、性质、产状等资料，分析研究现今活动特征和构造应力场及断层活动规律，判断对评估区的影响程度。

7.3.3.3 收集区域地震历史资料和附近地震台站测震资料，分析判断地质活动对评估区的影响及地壳稳定性。

7.3.3.4 根据区域地壳稳定性分区和判别指标一览表(表5)确定场地区域地壳稳定性。

7.3.4 地层岩性

7.3.4.1 收集评估区及周边地层层序，调查各类地层和岩浆岩的时代、岩性、结构、构造、产状及分布特征等资料。

7.3.4.2 测量各地层代表性产状。

7.3.4.3 调查其与地貌部位的对应关系，分析时代和成因。

表 5　区域地壳稳定性分区和判别指标一览表

稳定性	地壳结构	新生代地壳变形火山、地热	叠加断裂角 α/(°)	布格重力异常梯度 Bs /($\times 10^5$ ms·km^2)	最大震级	基本烈度	地震动峰值加速度/g
稳定区	块状结构，缺乏深大断裂或仅有基地断裂，地壳完整性好	缺乏第四纪断裂，大面积上升，第四纪沉降速率＜0.1 mm/a，缺乏第四纪火山	0～10 70～90	比较均匀变化，缺乏梯度带	M＜5.5	≤Ⅵ	≤0.05
基本稳定区	镶嵌结构，深断裂连续分布，地壳较完整	存在第四纪断裂，长度不大，第四纪地壳沉降速率 0.1 mm/a～0.4 mm/a，缺乏第四纪火山	11～24 51～70	地段性异常梯度带 Bs＝0.5～2.0	5.5≤M≤6.0	Ⅶ	0.1～0.15
次稳定区	块状结构，深断裂成带出现，长度＞100 km，地块呈条形、菱形，地壳破碎	发育晚更新世和全新世以来活动断裂，延伸长度＞100 km，存在近代活动断裂引起的M＞6级地震，第四纪地壳沉降速率＞0.4 mm/a，存在第四纪火山、温泉带	25～50	区域性异常梯度 Bs＝2.0～3.0	6.0＜M≤7.0	Ⅷ～Ⅸ	0.2～0.4
不稳定区				区域性异常梯度 Bs＞3.0	M≥7.25	≥Ⅸ	≥0.4

7.3.5　地质构造

7.3.5.1　调查场地及周边地质构造的分布、形态、规模、性质及组合特点等。

7.3.5.2　调查场地及周边地质结构面及构造结构面的规模、产状、形态、性质、密度及其切割组合关系，分析地质结构面对地质体成灾作用的影响。

7.3.5.3　分析场地及周边区域活动断裂引发的地质灾害对场地的影响。

7.3.6　岩土体类型及工程地质性质

7.3.6.1　调查土体成因、岩性类型、厚度、土体结构、接触关系及工程地质特征等，根据需要可投入适当的勘查工作量予以查明。

7.3.6.2　调查岩体岩性、结构面的类型、产状及组合关系，结构面的发育、充填程度、岩体风化、岩体溶蚀等特征，根据需要可投入适当的勘查工作量。

7.3.6.3　按工程地质条件进行工程地质分区，当场地范围较大且工程地质条件较复杂时，宜按岩组类型进一步划分。

7.3.6.4　特殊土调查：

a) 湿陷性黄土：了解地貌类型及微地貌特征；了解湿陷性黄土地层及湿陷变形特征、厚度、成因、与其他黄土地层的接触关系、年代及分布；了解大气降水、地表水、地下水对黄土湿陷的影响，黄土湿陷的形态特征、发育部位、可能影响的深度等，黄土的湿陷性质和变化规律、湿陷性黄土的厚度和湿陷性等级等，根据需要可投入适当的勘查工作量。

b) 软土：了解软土岩性、物质组成、结构和状态特征、成因类型、时代、厚度、分布与埋藏特征，软土压缩变形、渗透固结与流变等工程地质特性，软土层上、下相邻土层的岩性、渗透性能、排水条件及地下水特征，软土地区与软土分布有关的自然和各种工程地质现象，如土层的压缩变形，地基、边坡、堤岸等的失稳等工程地质问题。

c) 膨胀土：了解膨胀土的岩性、结构、矿物成分、成因类型、形成时代、土层厚度、裂隙发育状况及分布规律，地形地貌、植被、地表径流、地下水条件等对土层中水分增减和运动的影响，气象对土层胀缩性的影响，膨胀土膨胀、收缩、压缩等性能及指标。根据地质、地貌条件及胀缩性指标对膨胀土进行分类；调查建筑物的变形情况及建筑经验。

d) 冻土：了解冻土区气候特征和地面温度特征、冻土层温度及变化规律，冻土类型、分布规律，冻土层的岩性、厚度和上下限、结构特征及空间变化规律，地下水类型、补给、径流、排泄条件、动态变化及水化学特征；了解不同岩性冻土的主要物理力学和热学性质；了解影响冻土冻胀、融沉特征的自然因素和人为因素，以寒冻风化剥蚀作用和地下水冻胀、冻融作用为主形成的不同类型冻胀、融沉地貌的分布与特征、形成条件、演化规律及发展趋势，各种类型融区的分布特征、融冻滑坡、泥石流发育程度、形成条件及发展趋势。

e) 盐渍土：了解盐渍土的成因类型、发育厚度、含盐性质和程度及其分布规律，影响盐渍土形成和变化的气候、地形、地貌、岩性、结构、地下水埋深和水质条件，盐渍土盐分聚集迁移的规律及其季节变化特征，盐渍土的膨胀、收缩、湿陷、压实、压缩等工程地质性质指标。

7.3.7 水文地质条件

7.3.7.1 区域水文地质条件：调查地下水类型、岩性、各含水岩组特征、埋藏及其分布规律，确定富水性、水化学特征；地下水补给、径流、排泄条件，地下水动态特征及发展趋势等。

7.3.7.2 调查不同深度的机井、民井水位埋深和出水量，以及利用状况。

7.3.7.3 调查各含水层组相互间的水力联系及和地表水体的关系。

7.3.7.4 收集或编制水文地质图及水文地质剖面图。

7.3.7.5 分析地下水对评估区岩土体的影响及地质灾害的关系。

7.3.8 人类工程活动程度

7.3.8.1 了解社会经济环境、主要工程类型、工程名称、规模(等级)、建设及运行时间。

7.3.8.2 调查场地附近人类活动的类型、规模、分布对地质环境的影响程度，人类活动引发或加剧的地质灾害发生的状况，场地的地质环境效应及其与地质灾害的关系。

7.3.8.3 调查场地附近的矿山已开采及规划的范围、层位、开采方式、开采规模、开采时间等，矿山剩余资源及储量，矿山将要开采范围、层位、开采方式、顶板管理方法。调查矿山固体废弃物堆放形成的尾矿库对评估区的影响。

7.3.8.4 调查场地附近可能引发地质灾害的其他人类工程活动，如水源地、坡角开挖、坡顶加荷、切坡工程建设、斜坡开荒、坡面工程建设、大的废水排放点及废弃物的分布、数量、堆放形式、特性等。

7.4 地质灾害调查

根据地质灾害的成因、危害方式，按中国地质灾害防治工程行业协会编制的《地质灾害分类分级标准》进行地质灾害的分类调查(参照附录E、F、G、H、I、J、K)。

7.4.1 崩塌调查(参照附录E)

7.4.1.1 调查范围应为崩塌体或潜在崩塌体所在的不稳定斜坡的整个斜坡带及其可能影响的范围。

7.4.1.2 调查崩塌的类型、规模、范围，崩塌体的大小和崩落方向。崩塌类型可划分为倾倒式、滑移式、鼓胀式、拉裂式及错断式。崩塌体规模按体积V（$\times 10^3$ m^3）划分为特大型（$V>5$）、大型（$5\geqslant V>1$）、中型（$1\geqslant V>0.5$）及小型（$V\leqslant 0.5$）。

7.4.1.3　调查或勘查崩塌的类型、规模、范围，崩塌体的大小和崩落方向。

7.4.1.4　调查崩塌区的地质构造，岩体结构类型、岩性特征、结构面的产状、组合关系、风化程度、力学属性、延展及贯穿情况，水的活动情况，编绘崩塌区的地质构造图。

7.4.1.5　调查崩塌发生时的降水或地震情况。

7.4.1.6　调查崩塌前的迹象和崩塌原因，如地貌、岩性、构造、地震、采矿、爆破、温差变化、水的活动等。

7.4.1.7　收集当地崩塌史、易崩塌地层的分布和所处的地质构造单元等资料，相关灾情及防治崩塌的经验。

7.4.1.8　初步判断崩塌成因机制及稳定程度，并确定影响范围和对象。

7.4.2　滑坡（参照附录 F）

7.4.2.1　调查范围应为滑坡体或潜在滑坡体所在的区域及其可能影响的范围。

7.4.2.2　调查滑坡体所处地貌部位、斜坡形态、坡度、高程、植被情况（发育特征及其变形、破坏历史和现状）等。

7.4.2.3　调查滑坡体岩土体类型、性质及接触界线（面）、软硬岩的组合与分布、软弱夹层、风化层和松散层的厚度及其分布。

7.4.2.4　调查滑坡体结构面的产状、形态、规模、性质、密度及其相互切割关系，与坡面的组合关系。

7.4.2.5　调查地下水的补给、径流、排泄条件。

7.4.2.6　调查历史滑坡和潜在滑坡的形态要素（平面、剖面形状，滑坡后缘及两翼裂缝的分布特征，前缘临空面特征及剪出情况，前缘鼓胀、侧缘边坎等表部微地貌形态特征）、发展历史、变形特征和现状。

7.4.2.7　分析滑坡的成因机制，确定其稳定性及影响范围和对象。

7.4.2.8　调查滑坡防治历史和地方经验。

7.4.3　泥石流（参照附录 G）

7.4.3.1　调查范围应包括整条沟谷至分水岭的全部地段和可能受泥石流影响的地段。

7.4.3.2　确定流域内最大地形高差，上、中、下游各沟段沟谷与山脊的平均高差，山坡最大、最小及平均坡度，各种坡度级别所占的面积比率。分析地形地貌与泥石流活动之间的内在联系，确定地貌发育演变历史及泥石流活动的发育阶段。

7.4.3.3　划分泥石流的形成区、流通区、堆积区及圈绘整个沟谷的汇水面积。

7.4.3.4　调查泥石流形成区的水源类型、水量、汇水条件、山坡坡度、岩层性质及风化程度，滑坡、崩塌、岩堆、断裂等不良地质现象的发育情况及可能形成泥石流固体物质的分布范围、物源量。

7.4.3.5　调查泥石流流通区的长度、宽度、沟床纵横坡度、跌水、急弯等特征，沟床两侧山坡坡度、稳定程度，沟床的冲淤变化和泥石流的痕迹。

7.4.3.6　调查泥石流堆积区的堆积扇分布范围、表面形态、纵坡、植被、沟道变迁和冲淤情况。调查堆积物的性质、层次、厚度，一般粒径及最大粒径以及分布规律。判定堆积区的形成历史，估算一次最大堆积量。

7.4.3.7　了解沟谷区暴雨强度、一次最大降雨量，冰雪融化和雨洪最大流量，地下水对泥石流形成的影响。

7.4.3.8　调查泥石流沟谷的历史，历次泥石流的发生时间、频数、规模、形成过程、暴发前的降雨情况和暴发后产生的灾害情况，并区分正常沟谷或低频率泥石流沟谷。

7.4.3.9　调查可能引发泥石流的人类工程活动，包括各类工程建设所产生的固体废弃物（矿山尾矿、工程弃渣、弃土、垃圾等）的分布、数量、堆放形式、特性，修路切坡、砍伐森林、陡坡开荒及过度放牧等人类活动情况。

7.4.3.10　收集当地防治泥石流的措施和经验。

7.4.3.11　泥石流灾害的调查方法宜采用遥感调查与实地施测相结合的调查方法。泥石流调查点应实测代表性剖面，并进行拍照、录像或绘制素描图。工作用图宜采用适宜的比例尺。调查填卡记录须逐一填写，不得遗漏泥石流灾害要素。

7.4.3.12　对潜在泥石流应在基本要素和形成条件调查的基础上，充分了解其邻近地区的泥石流发育状况，并对因人类工程活动造成的沟坡改变和松散物堆积变化情况作进一步调查，分析其稳定性和危害性。

7.4.4　采空塌陷（参照附录 H）

7.4.4.1　采空塌陷的调查范围：垂向上应包括场地下伏矿体赋存或采出区域底板以上区域；平面范围应不小于塌陷影响范围。

7.4.4.2　调查建设场地周边矿业权设置及变更情况，绘制矿业权设置图，调查各矿业权单位开采历史、开发利用方案、矿山探矿权及矿山规划等资料。

7.4.4.3　调查形成采空地面塌陷的地质环境条件和发展史。

7.4.4.4　调查矿层的分布、层数、厚度、埋藏特征和开采顶板的岩性、结构等。

7.4.4.5　调查矿山的开采历史过程和闭坑方式、时间，矿层的开采方法、时间、深度、厚度、顶板支撑及采空区的塌落时间、过程、密实程度、空隙和积水等。

7.4.4.6　调查地表变形和分布特征，包括地表塌陷坑、台阶、裂缝位置、形状、大小、深度、延伸方向及其与采空区、地质构造、开采边界、工作面推进方向等的关系。

7.4.4.7　调查层状沉积矿山开采后地表移动盆地的特征，划分中间区、内边缘和外边缘区，确定地表移动和变形的特征值。对于产状变化剧烈的位置要重点进行调查，了解历史上是否发生过抽冒型塌陷，发生地点、时间、规模。

7.4.4.8　调查场地及周边民营矿山企业或采矿点分布位置、开采历史。因其普遍存在开采不规范，资料不健全、不准确，应对其资料进行甄别，宜适当增加勘查工作量以补充其资料的不足。

7.4.4.9　调查采空区附近的抽、排水情况及对采空区稳定性的影响。

7.4.4.10　了解建筑物变形及其处理措施的资料等。

7.4.4.11　收集当地防治采空塌陷的经验资料。

7.4.5　岩溶地面塌陷（参照附录 I）

7.4.5.1　调查地貌成因类型与形态、可溶岩层岩性与岩溶发育特征，上覆第四系松散覆盖层的厚度，结构与工程地质特征，岩溶地下水类型，水文地质结构和岩溶水的补给、径流、排泄条件及其动态变化特征；调查岩溶塌陷变形现象发育的地貌条件，如岩溶洼地、谷地或平原，岩溶盆地，山前缓丘坡地，河湖冲积平原或阶地等，地表有无漏斗、天窗、碟形洼地、槽谷等古塌陷或沉陷的遗迹。

7.4.5.2　研究其可溶岩的岩石成分和结构构造，非可溶岩的岩性、厚度与分布，划分岩溶层组类型；

研究可溶岩埋深和顶板形态特征，隐伏岩溶如埋藏的石芽、溶沟、漏斗、洼地、槽谷的形态、规模、深度和分布，浅部岩溶发育特征和程度，岩溶充填程度和特征等。分析岩溶塌陷等变形现象与岩溶发育的关系，岩溶上覆盖层的岩性、结构、工程地质性状、厚度变化及其与岩溶塌陷等变形现象的关系，以及土洞发育与分布状况。

7.4.5.3　调查岩溶水的赋存状态、水位埋深与动态变化，覆盖层的含水性及其与岩溶水的水力联系。着重调查岩溶塌陷等变形现象与岩溶水主径流带、排泄带及具双层含水结构地段的关系。调查地下水活动动态及其与自然和人为因素的关系。

7.4.5.4　调查场地及附近岩溶塌陷坑数量，影响范围，塌陷坑形态和规模，分布特征和密集程度，最大下沉深度，地裂长度、宽度、数量、组合特征、延伸范围和展布方向等；岩溶塌陷发育强度与频度、发育过程与发育阶段、塌陷的伴生现象、上覆土层中土洞的发育与分布等。

7.4.5.5　调查场地及附近岩溶塌陷等变形现象的成因与影响因素，包括自然动力因素与人类工程活动对岩溶塌陷发生与发展的影响、结构类型、形成时期、发生发展过程、发育阶段与现阶段的稳定状态。确定主要成因与类型，划分出变形类型及土洞发育程度区段。

7.4.5.6　调查场地及附近岩溶塌陷对已有建筑物的破坏损失情况，圈定可能发生岩溶塌陷的区段。

7.4.6　地裂缝(参照附录 J)

7.4.6.1　调查形成地裂缝的地质环境条件和发展史，地裂缝的发育时间、程度、分布范围、破坏过程和危害程度等。

7.4.6.2　调查地裂缝附近的地质构造与性质、地层岩性特征，地下水开采、采矿等人类工程活动状况。收集当地防治地裂缝的经验资料。

7.4.6.3　调查新构造运动、地震情况与地裂缝的关系。

7.4.6.4　分析地裂缝的成因与引发因素，以及其发展趋势与危害范围。

7.4.7　地面沉降(参照附录 K)

主要通过收集资料、调查访问，查明地面沉降原因、现状和危害情况。地面沉降调查主要包括下列内容：

a)　第四系松散堆积物的年代、成因、厚度、地层结构和分布特征，基底地层岩性、埋深和地质构造。

b)　测量地下水位，调查地下水开发利用历史、现状及发展趋势。

c)　地表水(雨水、污水)的积水情况。

d)　地下水动态特征及发展趋势与地面沉降的关系。

e)　地面沉降对建(构)筑物及其他设施的影响。

f)　地面沉降发展历史、现状及防治经验。

8　地质灾害危险性现状评估

8.1　一般规定

8.1.1　评估应在充分收集资料和实地调查的基础上，分类阐述评估区内地质环境条件、地质灾害发育特征与形成机制。

8.1.2　查明评估区内已发生的地质灾害类型、分布范围，确定发育规模及灾情程度级别。分析总结地质灾害的致灾条件与分布规律。

8.1.3　分析评估区内地质灾害与地质环境条件以及人类活动之间的关系，总结各灾种发生发展机制及特征。

8.1.4　评估工作应结合地质灾害类型选用合理的地质灾害现状评估方法和技术手段。

8.1.5　应分别描述各个地质灾害点的特征。当评估区内同一种地质灾害较多时，对代表性点需详细描述，并附相应的剖面图，其余点可列表表示；当评估区附近有典型地质灾害点时，宜作简单的调查。

8.1.6　对已发生的地质灾害危险性等级按灾情程度级别进行确认。

8.2　崩塌地质灾害现状评估

8.2.1　阐述评估区内已发生的崩塌类型、规模及成因机制等基本特征。

8.2.2　圈定崩塌影响范围、危害对象和灾情程度，确定地质灾害危险性等级。

8.2.3　通过地形特征及变化、斜坡发展历史，分析堆积物分布范围、分选情况与发育过程，综合判断崩塌发生历史，从而确定崩塌现状稳定性。

8.2.4　通过斜坡的地层、岩土体结构等因素和类似稳定或失稳斜坡进行比较，判别崩塌的现状稳定性。

8.2.5　依据岩体中结构体之间的关系、优势结构面、结构面与临空面的组合关系，确定可能失稳的结构体的形态、规模与空间分布。结构分析法主要采用赤平投影法。

8.2.6　崩塌地质灾害灾情与危害程度按表3确定，按表4进行危险性分级。

8.3　滑坡地质灾害现状评估

8.3.1　在查明滑坡现状发育特征的基础上，分析滑坡的地质背景、变形活动特征和形成条件，阐述滑坡的类型、形态、性质、规模等基本特征。

8.3.2　确定其破坏的边界范围及破坏模式。圈定滑坡的威胁对象、影响范围和危害程度。

8.3.3　总结本地区滑坡发生发展的规律和特征。

8.3.4　滑坡地质灾害现状评估可采用定性、半定量分析法。定性分析法一般包括地质分析法、工程地质类比法等。半定量分析法包括统计法、因子权重指数法、赤平投影法、图解法等。有条件时可采用相关公式定量计算。

8.3.5　根据滑坡的规模、稳定状态和造成损失的大小等综合评估滑坡的现状危险性，按表6进行发育程度评价，按表4进行危险性分级。

表6　滑坡灾害的发育程度

发育程度	强	中	弱
特征	不稳定—欠稳定的特大型—中型滑坡	1. 基本稳定的特大型—中型滑坡 2. 不稳定—欠稳定的小型滑坡	1. 稳定的特大型—中型滑坡 2. 基本稳定—稳定的小型滑坡
注：在各分级评价中，按就高原则，只要符合一条就可定为相应分级。			

8.4　泥石流地质灾害现状评估

8.4.1　划分泥石流的形成区、流通区、堆积区并圈绘整个沟谷的汇水面积。

8.4.2　分析泥石流堆积扇的分布范围、表面形态和冲淤情况，判定堆积区的形成历史，估算一次最大堆积量。

8.4.3　分析泥石流的形成条件、类型、规模、发育阶段、活动规律、影响范围及危害。

8.4.4　分析历次泥石流的发生时间、频数、规模、形成过程、暴发前的降雨情况和暴发后产生的灾害情况(按表3确定)。

8.4.5　根据泥石流的易发程度及灾情或危害程度,按表4对泥石流灾害的现状危险性进行评估。

8.5　采空塌陷地质灾害现状评估

8.5.1　收集场地及周边矿业权设置图,调查以往矿山开采的范围、层位、开采方式、开采规模、开采时间、顶板管理方法等,矿山批准的(或拟开采的)开采范围、开采层位、开采接替顺序、开采方式、顶板管理方法,井巷等的分布、面积、管理方法。

8.5.2　实地调查采空塌陷现状,确定其波及范围。

8.5.3　通过对开采过程及条件、地表变形的分布范围、特征、历史等地面变形特征的分析,结合采空区的地表移动期、危险程度、危害程度、现状稳定性,确定地质灾害危险性及灾情等级。

8.6　岩溶塌陷地质灾害现状评估

8.6.1　论述现有岩溶塌陷的类型、规模及成因机制等基本特征和形成的地质环境条件,分析岩溶发育程度(表7)、岩溶塌陷的成因、分布规律。

8.6.2　划分岩溶发育段或由其引发的土洞发育区段,分析岩溶塌陷对已有建筑物的破坏损失情况。

8.6.3　对于历史上发生的岩溶塌陷,且现今无变形迹象的可判别为相对稳定的地面塌陷,反之则不稳定。对于现今发生的岩溶塌陷,通过监测,塌陷坑没有继续发展变化,则已趋于相对稳定;反之,如继续变大、变深,或塌陷坑壁有坍塌现象,塌陷坑周围有新的裂缝产生,则不稳定。

8.6.4　分析评估区内岩溶塌陷的影响范围和危害程度,确定地质灾害灾情等级。

表7　岩溶发育程度分级表

岩溶发育程度	特征	参考指标				
		地表岩溶发育密度/(个/km²)	钻孔岩溶率 a/%	钻孔遇洞率 a/%	泉流量/(L/s)	单位涌水量/($L \cdot s^{-1} \cdot m^{-1}$)
强发育	可溶性岩,岩性较纯,连续厚度较大,出露面积较广,地表有较多的洼地、漏斗、落水洞、地下溶洞发育,多岩溶大泉和暗河,岩溶发育深度大	>5	>10	>60	>100	>1
中等发育	以次纯可溶性岩为主,多间夹层型,地表有洼地、漏斗、落水洞发育,地下溶洞不多,岩溶大泉数量较少,暗河稀疏,深部岩溶不发育	5～1	10～3	60～30	100～10	1～0.1
弱发育	以不纯可溶性岩为主,多间夹层型或互层型,地表岩溶形态稀疏发育,地下溶洞较少,岩溶大泉数量少见	<1	<3	<30	<10	<0.1
注:a 指地表以下100 m或基岩50 m以内孔段统计数,对于孔深100 m以上全孔岩溶率指标减半。						

8.7　地裂缝地质灾害现状评估

8.7.1　论述现有地裂缝的类型、规模、发育时间及成因机制等基本特征和形成的地质环境条件。

8.7.2　通过对地裂缝的地层岩性、岩土体结构及构造等因素进行比较,从而判别地裂缝的现状稳定性。

8.7.3 圈定地裂缝威胁对象、发育程度、危害程度和影响范围，确定地质灾害灾情等级(按表8、表4评价)。

表8 地裂缝发育程度

发育程度	特点
强	地表开裂明显，可见陡坎、斜坡、微缓坡、陷坑等微地貌现象，楼房有裂缝，平房和围墙裂缝明显
中	地表开裂不明显，无微地貌显示，楼房有微裂纹，平房和围墙有细裂缝
弱	无地表裂缝，平房和围墙有微裂纹

8.8 地面沉降

8.8.1 论述现有地面沉降的类型、规模、发育时间及成因机制等基本特征和形成的地质环境条件。

8.8.2 依据累积地面沉降量及沉降速率按表9确定地面沉降现状发育程度。

8.8.3 分析地面沉降形成原因和发育特征，地面沉降对建(构)筑物及其他设施的影响。论述地面沉降与地下水开采、油气田开采和地层岩性的关系，按表3确定地面沉降现状危害程度，按表4确定地面沉降现状危险性。

表9 地面沉降现状发育程度

分级		强	中	弱
因素	累计地面沉降量/mm	≥800	300～800	≤300
	沉降速率/(mm/a)	≥30	10～30	≤10

注1：累计地面沉降量参照最新政府公布数据。
注2：沉降速率指近3 a～5 a的平均年沉降量。
注3：上述两项因素满足一项即可，并按照强至弱顺序确定。

9 地质灾害危险性预测评估

9.1 一般规定

9.1.1 预测评估必须在对各种地质环境因素系统分析的基础上，判断在各种因素的作用下，导致致灾地质体处于不稳定状态，评价建设或规划项目引发及可能遭受的地质灾害的种类、范围、危险性和危害程度。

9.1.2 应对工程建设中、建成后可能引发或加剧地质灾害的可能性、危险性和危害程度做出预测评估。

9.1.3 应对建设工程自身可能遭受地质灾害危害的可能性、危险性和危害程度做出预测评估。

9.1.4 对各种地质灾害危险性预测评估可采用工程地质比拟法、成因历史分析法、层次分析法、数字统计法等定性、半定量、定量的评估方法进行。

9.2 工程建设中、建设后可能引发或加剧地质灾害危险性预测评估

应充分了解拟建建设或规划概况、工程结构和地基基础方案及其对地质环境作用方式和影响程度，根据项目类别及其可能引发、加剧的地质灾害类型建立预测评估体系。对工程建设或规划内容

对地质环境扰动较大、周期较长的场地，宜分期（施工期、运营期）、分区对其可能引发或加剧的地质灾害进行预测评估。

9.2.1 崩塌、滑坡

9.2.1.1 确定工程建设或规划项目与崩塌、滑坡的位置关系，分析工程建设中、建设后引发或加剧崩塌、滑坡发生的可能性。

9.2.1.2 分析工程建设是否削坡、开挖形成高陡边坡，是否有爆破、机械振动、加载、抽排水等引发或加剧崩塌、滑坡发生的诱发因素。

9.2.1.3 按表3确定崩塌、滑坡的危害程度。

9.2.1.4 依据表10确定崩塌、滑坡发生的可能性及危险性并做出预测评估。

表10 工程建设引发或加剧崩塌、滑坡预测评估分级表

工程建设引发或加剧崩塌、滑坡发生的可能性	危害程度	发育程度	危险性等级
工程建设位于崩塌、滑坡的影响范围内，对其稳定性影响大，引发或加剧崩塌、滑坡的可能性大	危害大	强发育	危险性大
		中等发育	危险性大
		弱发育	危险性中等
工程建设位于崩塌、滑坡的影响范围内，对其稳定性影响中等，引发或加剧崩塌、滑坡的可能性中等	危害中等	强发育	危险性大
		中等发育	危险性中等
		弱发育	危险性中等
工程建设对崩塌、滑坡的影响小，引发或加剧崩塌、滑坡的可能性小	危害小	强发育	危险性中等
		中等发育	危险性中等
		弱发育	危险性小

9.2.2 泥石流

9.2.2.1 确定工程建设或规划项目与泥石流的位置关系，分析工程建设中、建设后引发或加剧泥石流发生的可能性。

9.2.2.2 分析工程建设可能引发斜坡变形和产生碎屑物质的可能性，对由工程建设所产生的松散固体物的组成、数量、堆积情况进行调查，对其堆积部位与方式及其稳定性进行评价，按表11对引发或加剧泥石流发生的可能性做出预测。

9.2.2.3 按表3确定泥石流的危害程度。

9.2.2.4 依据表12确定泥石流发生的可能性及危险性并做出预测评估。

表11 工程建设引发或加剧泥石流的可能性判别表

可能性	一般性条件		
	产生松散物总量/万 m^3	堆积状况	沟坡与降雨条件
大	＞1	集中堆积在沟道、坡脚与坡面，极不稳定	极有利于泥石流的形成
中	0.05～1	分散堆积在沟坡，部分不稳定	有利于泥石流的形成
小	＜0.05	全部清运或少量零散堆积，稳定	不利于泥石流的形成

表 12　工程建设引发或加剧泥石流预测评估分级表

工程建设引发或加剧泥石流发生的可能性	危害程度	发育程度	危险性等级
工程建设位于泥石流的影响范围内，弃渣量大，堵塞沟道，引发或加剧泥石流的可能性大	危害大	强发育	危险性大
		中等发育	危险性大
		弱发育	危险性中等
工程建设位于泥石流的影响范围内，弃渣量较大，沟道基本畅通，引发或加剧泥石流的可能性中等	危害中等	强发育	危险性大
		中等发育	危险性中等
		弱发育	危险性中等
工程建设位于泥石流的影响范围外，弃渣量小，不影响沟道，引发或加剧泥石流的可能性小	危害小	强发育	危险性中等
		中等发育	危险性中等
		弱发育	危险性小

9.2.3　采空塌陷

9.2.3.1　确定工程建设或规划项目与采空塌陷的位置关系，分析工程建设中、建设后引发或加剧采空塌陷发生的可能性。

9.2.3.2　分析场地内是否存在采矿、抽排水、开挖扰动、振动、加载等引发或加剧采空塌陷发生的诱发因素。

9.2.3.3　依据表 13 确定采空塌陷发生的可能性及危险性并做出预测评估。

表 13　工程建设引发或加剧采空塌陷预测评估分级表

工程建设引发或加剧采空塌陷发生的可能性	危害程度	发育程度	危险性等级
工程建设位于采空区及采空塌陷影响范围内，引发或加剧采空塌陷的可能性大	危害大	强发育	危险性大
		中等发育	危险性大
		弱发育	危险性中等
工程建设位于采空区及采空塌陷影响范围内，引发或加剧采空塌陷的可能性中等	危害中等	强发育	危险性大
		中等发育	危险性中等
		弱发育	危险性中等
工程建设临近采空区及采空塌陷影响范围，引发或加剧采空塌陷的可能性小	危害小	强发育	危险性中等
		中等发育	危险性中等
		弱发育	危险性小

9.2.4　岩溶塌陷

9.2.4.1　确定工程建设或规划项目与岩溶塌陷的位置关系，分析工程建设中、建设后是否会扰动下伏岩溶地层改变岩溶水补给、径流、排泄条件引发岩溶地面塌陷。

9.2.4.2　分析场地内是否存在抽排水、开挖扰动、采矿、振动、加载等引发或加剧岩溶塌陷发生的诱发因素。

9.2.4.3　按表 3 确定岩溶塌陷的危害程度。

9.2.4.4　依据表 14 确定岩溶塌陷发生的可能性及危险性并做出预测评估。

表 14　工程建设引发或加剧岩溶塌陷预测评估分级表

工程建设引发或加剧岩溶塌陷发生的可能性	危害程度	发育程度	危险性等级
工程建设位于岩溶塌陷及其影响范围内，引发或加剧岩溶塌陷的可能性大	危害大	强发育	危险性大
		中等发育	危险性大
		弱发育	危险性中等
工程建设位于岩溶塌陷及其影响范围内，引发或加剧岩溶塌陷的可能性中等	危害中等	强发育	危险性大
		中等发育	危险性中等
		弱发育	危险性中等
工程建设临近岩溶塌陷影响范围，引发或加剧岩溶塌陷的可能性小	危害小	强发育	危险性中等
		中等发育	危险性中等
		弱发育	危险性小

9.2.5　地裂缝

9.2.5.1　确定工程建设或规划项目与地裂缝的位置关系，分析工程建设中、建设后引发或加剧地裂缝发生的可能性。

9.2.5.2　分析场地内是否存在建筑施工降水或长期大量抽取地下水引发或加剧地裂缝发生的诱发因素。

9.2.5.3　按表 3 确定地裂缝的危害程度。

9.2.5.4　依据表 15 确定地裂缝发生的可能性及危险性并做出预测评估。

表 15　工程建设引发或加剧地裂缝预测评估分级表

工程建设引发或加剧地裂缝发生的可能性	危害程度	发育程度	危险性等级
工程建设位于地裂缝影响范围内，工程活动引起地表不均匀沉降明显，引发或加剧地裂缝的可能性大	危害大	强发育	危险性大
		中等发育	危险性大
		弱发育	危险性中等
工程建设位于地裂缝影响范围内，工程活动引起地表不均匀沉降较明显，引发或加剧地裂缝的可能性中等	危害中等	强发育	危险性大
		中等发育	危险性中等
		弱发育	危险性中等
工程建设临近地裂缝影响范围，引发或加剧地裂缝的可能性小	危害小	强发育	危险性中等
		中等发育	危险性中等
		弱发育	危险性小

9.2.6　地面沉降

9.2.6.1　确定工程建设或规划项目与地面沉降的位置关系，分析工程建设中、建设后引发或加剧地面沉降发生的可能性。

9.2.6.2　分析工程建设期间是否存在建筑施工降水或建成后长期大量抽取地下水引发或加剧地面沉降发生的诱发因素。

9.2.6.3　按表 3 确定地面沉降的危害程度。

9.2.6.4　依据表 16 确定地面沉降发生的可能性及危险性并做出预测评估。

表 16　工程建设引发或加剧地面沉降预测评估分级表

工程建设引发或加剧地面沉降发生的可能性	危害程度	发育程度	危险性等级
工程建设位于地面沉降影响范围内，工程活动引发或加剧地面沉降的可能性大	危害大	强发育	危险性大
		中等发育	危险性大
		弱发育	危险性中等
工程建设位于地面沉降影响范围内，工程活动引发或加剧地面沉降的可能性中等	危害中等	强发育	危险性大
		中等发育	危险性中等
		弱发育	危险性中等
工程建设临近地面沉降影响范围，引发或加剧地面沉降的可能性小	危害小	强发育	危险性中等
		中等发育	危险性中等
		弱发育	危险性小

9.3　工程建设自身可能遭受地质灾害危险性预测评估

建设或规划项目可能遭受地质灾害危险性应按照各类地质灾害的发展趋势及对项目的危害程度分别进行预测评估。

9.3.1　崩塌

存在高陡边坡附近的场地，应进行崩塌及崩塌堆积体的危险性预测评估。

a)　评估判定崩塌是稳定的，则建设场地遭受崩塌地质灾害的可能性小，地质灾害危险性小。

b)　评估判定崩塌稳定性较差或差时，应根据崩塌影响的可能范围和建设工程的相对位置关系，判定建设工程遭受崩塌地质灾害的可能性，并结合危害程度(表 3)确定危险性等级(表 17、表 4)。

c)　对大中型崩塌体地质灾害宜采用定量方法，按中国地质灾害防治工程行业协会编制的《地质灾害分类分级标准》进行崩塌体的稳定性计算及评价。

表 17　崩塌发生可能性分析表

发生的可能性	特点
大	拟建工程引发崩塌灾害的可能性大，遭受崩塌危害程度高，大型崩塌体处于基本稳定—不稳定状态
中	拟建工程引发崩塌灾害的可能性中等，遭受崩塌危害程度中等，小型或中型崩塌体处于不稳定—基本稳定状态
小	拟建工程引发崩塌灾害的可能性小，遭受崩塌危害程度低，崩塌体处于稳定状态

9.3.2　滑坡

9.3.2.1　评估判定滑坡是稳定的，则建设场地遭受滑坡地质灾害的可能性小，地质灾害危险性小。

9.3.2.2　评估判定滑坡稳定性较差或差时，应根据滑坡发展趋势，其失稳后可能影响建设工程的范围，判定建设工程遭受滑坡地质灾害的可能性，并结合危害程度（表 3）确定危险性等级（表 4）。

9.3.2.3 对大中型滑坡体地质灾害宜采用定量方法，按中国地质灾害防治工程行业协会《地质灾害分类分级标准》进行滑坡体的稳定性计算及评价。

9.3.3 泥石流

9.3.3.1 根据沟谷地形地貌、物源、水源等因素，按表 18 或者表 19 评判泥石流易发程度。

表 18 泥石流沟谷发育程度量化评分及评判等级标准表

序号	影响因素	量级划分							
		强发育	得分	中等发育	得分	弱发育	得分	不发育	得分
1	崩塌、滑坡及水土流失（自然与人为活动的）严重程度	崩塌、滑坡等重力侵蚀严重，多层滑坡和大型崩塌，表土疏松，冲沟十分发育	21	崩塌、滑坡发育，多层滑坡和中小型崩塌，有零星植被覆盖，冲沟十分发育	16	有零星崩塌、滑坡和冲沟存在	12	无崩塌、滑坡、冲沟或轻微	1
2	泥沙沿程补给长度比	＞60%	16	60%～30%	12	30%～10%	8	＜10%	1
3	沟口泥石流堆积活动程度	主河河形弯曲或堵塞，主流受挤压偏移	14	主河河形无较大变化，仅主流受迫偏移	11	主河河形无变化，主流在高水位时偏，低水位时不偏	7	主河河形无变化，主流不偏	1
4	河沟纵坡	＞12°(21.3%)	12	12°～6° (21.3%～10.5%)	9	6°～3° (10.5%～5.2%)	6	＜3°(5.2%)	1
5	区域构造影响程度	强抬升区，6 级以上地震区，断层破碎带	9	抬升区，4～6 级以上地震区，有中小支断层	7	相对稳定区，4 级以下地震区，有小断层	5	沉降区，构造影响小或无影响	1
6	植被覆盖率	＜10%	9	10%～30%	7	30%～60%	5	＞60%	1
7	河沟近期一次变幅	＞2 m	8	2 m～1 m	6	1 m～0.2 m	4	＜0.2 m	1
8	岩性影响	软岩、黄土	6	软硬相间	5	风化强烈和节理发育的硬岩	4	硬岩	1
9	沿沟松散物储量/(万 $m^3 \cdot km^{-2}$)	＞10	6	10～5	5	5～1	4	＜1	1
10	沟岸山坡坡度	＞32° (62.5%)	6	32°～25° (62.5%～46.6%)	5	25°～15° (46.6%～26.8%)	4	＜15° (26.8%)	1
11	产沙区沟槽横断面	V 型谷、U 型谷、谷中谷	5	宽 U 型谷	4	复式断面	3	平坦型	1
12	产沙区松散物平均厚度	＞10 m	5	10 m～5 m	4	5 m～1 m	3	＜1 m	1
13	流域面积	0.2 km^2～5 km^2	5	5 km^2～10 km^2	4	0.2 km^2 以下 10 km^2～100 km^2	3	＞100 km^2	1
14	流域相对高差	＞500 m	4	500 m～300 m	3	300 m～100 m	2	＜100 m	1
15	河沟堵塞程度	严重	4	中等	3	轻微	2	无	1

易发程度综合评判等级标准			
综合得分	116～130	87～115	≤86
易发程度等级	高易发	中易发	低易发

表 19 泥石流易发因素取值与易发程度评定表

因 素	因素量化分级取值					
	因素值	得分	因素值	得分	因素值	得分
物质冲出量/($\times 10^4$ m^3)*	≥5	12.59	3～5	8.81	≤3	5.04
地形相对高差/m	≥600	10.61	300～600	7.43	≤300	4.24
年平均降雨量/mm	≥750	10.46	750～600	7.32	≤600	4.18
山坡平均坡度/(°)	≥45	10.29	35～45	7.20	≤35	4.12
主沟床平均纵坡/(°)	≥11	10.11	3～11	7.07	≤3	4.04
坡面土层厚度/cm	≥45	9.98	30～45	6.99	≤30	3.99
沟谷切割/(m/km)	≥150	9.92	100～150	6.94	≤100	3.97
植被覆盖度/%	≤50	9.56	50～70	6.69	≥70	3.82
流域面积/km^2	≤1	9.46	1～5	6.62	≥5	3.78
崩塌密度/(处/km^2)	≥20	7.04	20～10	4.93	≤10	2.82
易发程度等级评定						
等级	高易发		中易发		低易发	
综合得分	>80		70～80		<70	
注:“*”是指对未曾发生过泥石流但有潜在发生可能的沟谷,物质冲出量是指某一设计雨量下的预估值。						

9.3.3.2 按表 20 适当考虑泥石流活动间歇期对易发程度的影响。

表 20 泥石流间歇期与易发程度影响关系说明表

泥石流间歇期/a	>10	2～10	<2
对易发程度的影响	大	中等	小

9.3.3.3 可能遭受泥石流灾害的危险性预测包括以下内容:

a) 应确定在某一泥石流激发雨量条件下的危险性预测。一般以五十年一遇的最大雨量或近代曾引发规模泥石流的雨量作参考。

b) 遭受已发生泥石流灾害的危险性预测应在现状评估的基础上,依场地工程所处区域和可能受到的危害范围与程度确定(表 21、表 22)。

c) 遭受潜在泥石流灾害的危险性预测。按表 18 确定沟谷的泥石流易发程度,按表 4 确定潜在泥石流灾害的危险性。

d) 当面临多处泥石流或潜在泥石流,又存在建设工程引发或加剧泥石流的情况时,建设工程遭受泥石流灾害的危险性按高级别确定。

e) 预测评估还可采用历史分析法和对比分析法对建设工程可能遭受泥石流灾害的危险性做出评估预测。

表 21 泥石流(沟谷)危险区域说明表

区域名称	主要地貌部位
高危险区域	上游区段的沟(河)道内、坡脚下及不稳定斜坡处,沟(河)道的漫滩、一级阶地(高于河床不足 3 m)、沟(河)谷的凹岸及凸岸的低处(高于河床不足 3 m),沟口地带及其他行洪区域
危险区域	沟(河)谷两侧的一、二级阶地或老泥石流堆积体的较低处(高于河床 3 m~10 m),河谷凹岸的较高处(高于河床 5 m~10 m)及凸岸的较低处(高于河床 3 m~15 m),沟口外且距离沟口较近的区域地段
影响区域	沟(河)谷两侧阶地或老泥石流堆积体的较高处(高于河床 10 m~20 m);凸岸的高处(高于河床 15 m 以上);沟口外的下游地段,受洪水影响
安全区域	沟口外上游非泥石流流经地带;远离沟口堆积地带的下游,且为非行洪区域(距离>1 000 m)

表 22 建设工程遭受泥石流灾害的危险性预测分级说明表

建设工程所处地段	建设工程受危害的范围与程度	遭受的危险性
处于泥石流冲淤必经之地的高危险区域	全部或大部分,严重	大
处于泥石流冲淤范围内的危险区域	部分,较严重	中
处于泥石流影响区或外围的安全区域	轻或无	小

9.3.4 采空塌陷

9.3.4.1 预测现有采空塌陷区和未来开采对场地工程建设的影响。

9.3.4.2 预测地下水位变动、建筑物荷载及其他不得因素作用下,采空区的稳定性及变形特点,评估工程建设可能遭受的采空塌陷危害。

9.3.4.3 评估方法可根据覆盖层岩性、地质构造、地下水和开采条件等因素分析计算采空塌陷的冒落带、导水裂隙带、弯曲变形带发育高度,并结合实测变形资料对评估区给出预测评估结论。

9.3.4.4 按表 23 预测工程建设遭受采空塌陷的可能性,按表 3 确定危害程度,按表 4 预测建设用地遭受采空塌陷的危险性。

表 23 采空塌陷发生的可能性表

发生的可能性	描 述
大	1. 浅部缓倾斜矿层采空区面积大于拟建场区的 2/3,且采空厚度大于 2.5 m(法向厚度)的地段;浅部急倾斜矿层采空厚度超过 3 m(法向厚度)。 2. 现采空区及未来采空区开采中的特殊地段:在开采过程中可能出现非连续变形的地段,地表移动活跃的地段,特厚矿层和倾角大于 55°的厚矿层露头地段,由于地表移动和变形引起边坡失稳和山崖崩塌的地段,矿层开采后有诱发泥石流的地段。现采空区、未来采空区及老采空区地表变形符合:地表倾斜>10 mm/m,地表曲率>0.6 mm/m^2 或地表水平变形>6 mm/m 的地段。 3. 工程建设有诱发采空塌陷且防治难度大的地段
中	1. 浅部缓倾斜矿层采空区面积不大于拟建场区的 2/3,浅部急倾斜矿层采空厚度不大于 3 m(法向厚度)。 2. 现采空区、未来采空区及老采空区地表变形符合:地表倾斜 3~10 mm/m,地表曲率 0.2~0.6 mm/m^2 或地表水平变形<2~6 mm/m 的地段。 3. 工程建设有诱发采空塌陷的可能,需要专门防治,防治难度中等
小	1. 浅部无采空区,采空区不具备发生采空塌陷的条件。 2. 现采空区、未来采空区及老采空区地表变形符合:地表倾斜<3 mm/m,地表曲率<0.2 mm/m^2 或地表水平变形<2 mm/m 的地段。 3. 工程建设不会诱发采空塌陷

注 1:对于"大","1"~"3"中任何一条符合,应定为"大";对于"小","1"~"3"均满足,定为"小";对于"中",符合一条,但不符合"大"中任何规定,定为"中"。

注 2:表中地表变形参数应根据实测数据进行计算,对于缺失地表变形资料的,可根据理论计算或地表调查结果综合分析确定。

9.3.5 岩溶塌陷

建设项目或规划场地位于可溶岩地区的，应进行工程遭受岩溶塌陷地质灾害危险性预测评估。

a) 在查明岩溶塌陷的成因、形态、规模、分布密度、上覆土层厚度的基础上，定性预测其发展趋势及对环境的影响程度。

b) 根据岩溶塌陷影响的可能范围和建设工程的相对位置关系，根据表24、表25定性判定建设工程遭受岩溶塌陷地质灾害的可能性，并结合危害程度确定危险性等级。

c) 根据岩溶发育程度、覆盖层岩性结构、覆盖层厚度、孔隙水与岩溶水之间隔水层厚度、地下水水位、地下水径流条件及地貌类型分析岩溶塌陷易发程度，对岩溶地面塌陷易发性进行量化(表26)，采用岩溶地面塌陷预测指标判别值 N 按表27进行半定量预测评估。

d) 对面积较大的规划区进行岩溶地面塌陷危险性预测评估时，可采用岩溶地面塌陷稳定性指数 K 半定量进行预测评估(K 值按附录I进行计算)。可采用网格法评价，计算每个单元的岩溶地面塌陷稳定性指数，按分级标准圈定各级危险区的范围。网格单元面积不宜超过0.5 km×0.5 km。按表28分级标准结合用地地质环境条件和对拟建工程的危害程度，综合确定岩溶地面塌陷危险性等级。

表24 土洞稳定性定性评价表

稳定性分级	土洞发育状况	土洞顶板埋深(H)或其与安全临界厚度比(H/H_0)	说明
不稳定	正在持续扩展		正在活动的土洞，因促进其扩展的动力因素在持续作用，不论其埋深多少，都具有塌陷的趋势
	间歇性地缓慢扩展		
基本稳定	休止状态	$H<10$ m 或 $H/H_0<1.0$	不具备极限平衡条件，具塌陷趋势
		$10\ \text{m}\leqslant H<15$ m 或 $1.0\leqslant H/H_0<1.5$	基本处于极限平衡状态，当环境条件改变时可能复活
		$H\geqslant 15$ m 或 $H/H_0\geqslant 1.5$	超稳定平衡状态，复活的可能性较小，一般不具备塌陷趋势
稳定	消亡状态		一般不会复活

表25 塌陷体稳定性定性评价表

稳定性分级	微地貌	土质性状	地下水埋藏及活动情况	说明
不稳定	塌陷尚未或已受到轻微充填改造，塌陷周围有开裂痕迹，坑底有下沉开裂迹象	疏松，呈软塑至流塑状	有地表水汇集入渗，有时见水位，地下水活动较强烈	正在活动的塌陷，或呈间歇性缓慢活动的塌陷
基本稳定	塌陷已部分充填改造，植被较发育	疏松或稍密，呈软塑至可塑状	其下有地下水流通道，有地下水活动迹象	接近或达到休止状态的塌陷，当环境条件改变时可能复活
稳定	已被完全充填改造的塌陷，植被发育良好	较密实，主要呈可塑状	无地下水流活动迹象	进入休亡状态的塌陷，一般不会复活

表 26　岩溶塌陷易发性量化评分标准表

因素		得分			
		4	3	2	1
K	岩溶发育程度	岩溶发育强烈		岩溶发育中等	岩溶发育微弱
S	覆盖层岩性结构	底部为砂砾石	均一砂土，双层或多层结构	双层或多层黏性土—砂砾石	均一黏性土
H	覆盖层厚度/m	＜5	5～30	30～60	＞60
W	地下潜水位埋深/m	＜5，在基岩面附近波动	5～10，在基岩面或在土层中波动	＞10，在土层中；＜10，在基岩中	≥10，在基岩中
F	地下水径流条件	主径流带、排泄带		潜水带	径流区
D	地貌类型	岩溶盆地、洼地、谷地、低阶地		岩溶丘陵、缓坡、台地、高阶地	岩溶斜坡

表 27　岩溶地面塌陷预测指标判别表

岩溶地面塌陷预测指标判别值(N)	≥20	16～19	11～15	≤10
岩溶地面塌陷稳定性	极易塌陷，可产生大量塌陷	易塌陷，可产生较多塌陷	不易塌陷，可产生少量或零星塌陷	一般不塌陷，属稳定区
注：$N=K+S+H+W+F+D$。				

表 28　岩溶地面塌陷稳定性分级标准表

稳定性等级	稳定性较好	稳定性较差	稳定性差
岩溶地面塌陷稳定性指标指数 K	$K\leqslant200$	$200<K\leqslant400$	$K>400$

9.3.6　地裂缝

9.3.6.1　分析工程建设可能遭受地裂缝的可能性，预测地裂缝发生、发展趋势，场地遭受地裂缝的危险性。

9.3.6.2　预测方法可采用模型预测法和演变（成因）历史分析法等方法。

9.3.6.3　按表 29 预测地裂缝发生的可能性，按表 4 预测地裂缝危险性。

表 29　地裂缝发生可能性

可能性	特点
大	有活动断裂通过，第四系覆盖层厚度变化大，地层岩性复杂，地面沉降发育强烈
中	第四系覆盖层厚度变化大，地层岩性复杂，地面沉降发育强烈
小	第四系覆盖层厚度变化较大，地层岩性较复杂，地面沉降发育中等

9.3.7　地面沉降

9.3.7.1　有地面沉降危害的场地，对工程建设自身可能遭受地面沉降危害性和危害程度进行预测评估。

9.3.7.2　应预测地面沉降的发展趋势并估算沉降量。

9.3.7.3　按附录D建立评估区地层的概化模型。采用合适的方法估算地面沉降量，预测时间不小于10 a。

9.3.7.4　绘制评估区地面沉降预测累计沉降量等值线图，预测地面沉降速率，按表30预测地面沉降发育程度，分为强、中、弱三个等级。按表4预测地面沉降灾害危险性。

9.3.7.5　依据地面沉降易发程度综合值 A，按表31分级标准结合场地地质环境和对工程的影响综合确定地面沉降的易发程度。

表30　地面沉降预测发育程度

发育程度	强	中	弱
沉降速率/(mm/a)	>40	20～40	<20

表31　地面沉降易发区等级划分表

易发程度	高易发	中易发	低易发	不易发
综合分值(A)	>600	300～600	100～300	<100

地面沉降易发程度综合值 A 按下式计算：

$$A = \sum_{i=1}^{6} \sigma_i \cdot \tau_i$$

式中：

σ_i，τ_i——分别为地面沉降 i 项影响因素相应的标度分值和相应的权重，按表32取值。

表32　地面沉降易发程度影响因素划分表

影响因素				分值(σ_i)			
条件	序号(i)	指标	权重(τ_i)	一级	二级	三级	四级
				10	6	3	1
地质	1	软土层厚度/m	20	>30	30～20	20～10	<10
	2	松散层厚度/m	15	>300	300～200	200～100	<100
水文地质	3	含水层数量/个	25	3	3～2	2～1	1或缺失
	4	含水层总厚度/m	15	>60	60～30	30～10	<10
人类工程活动	5	地下水开采强度/(万 $m^3 \cdot a^{-1} \cdot km^{-2}$)	15	>5	5～3	3～1	<1
	6	地面沉降迹象或多年平均沉降速率/(mm/a)	10	明显	中等	轻微	极轻微
				>40	40～20	20～5	<5

9.3.7.6　地面沉降可采用地面沉降危险性指数进行评价。地面沉降危险性指数可按下式估算：

$$E = \sum_{i=1}^{5} \alpha_i \cdot \beta_i$$

式中：

E——地面沉降危险性指数；

α_i，β_i——分别为控制地面沉降危险程度的 i 类因子分值和因素权重，按表33取值。(其中地面沉降易发程度可按发布实施的地面沉降防治规划进行划定)。

表 33　地面沉降危险性评估因子及赋分表

评估因素				单因素危险性等级及因子分值		
条件	序号	指标	权重	危险性大	危险性中等	危险性小
				3	2	1
地质条件	1	地面高程/m	0.1	＜10	25～10	＞25
	2	易发程度	0.2	高易发	中易发	低易发
沉降特征	3	地面累计沉降量/mm	0.25	＞1 000	1 000～500	＜500
	4	沉降速度/(mm/a)	0.25	＞40	20～40	＜20
水位动态	5	承压水水位埋深/m	0.2	＞80	40～80	＜40

根据地面沉降危险性指数 E,按表 34 确定地面沉降危险性等级。

表 34　地面沉降危险性分级标准表

地面沉降危险性指数(E)	$2.5<E\leqslant 3.0$	$1.5<E\leqslant 2.5$	$1.0\leqslant E\leqslant 1.5$
危险性等级	危险性大	危险性中等	危险性小

10　地质灾害危险性综合评估

10.1　综合评估原则

10.1.1　地质环境条件与人类工程经济活动因素相结合的原则

地质灾害危险性分区,应充分考虑地质环境因素和人类工程活动对评估区的影响。

10.1.2　主导因素及多灾种叠加效用原则

综合分析各影响因素,抓住主导因素,以此作为地质灾害危险性分区依据之一。对场地存在多种地质灾害类型的,还应充分考虑各灾种互相之间的叠加作用。

10.1.3　动态原则

地质灾害危险性分区应充分反映未来灾情变化情况,即应具有一定的预见性。

10.1.4　“区内相似 区际相异”的原则

充分考虑评估区内地质环境条件的差异和地质灾害隐患点的分布、危害程度以及不同灾种之间的相互联系和影响。

10.2　综合评估方法

10.2.1　在现状评估和预测评估的基础上,根据地质灾害灾情和地质灾害危险性大小对建设或规划场地进行综合分区评估,划分场地地质灾害危险性区块等级。

10.2.2　评估应以现状和预测评估结果为基础,当评估区只存在单一灾种时,按该灾种对评估区的危险性划分等级,进行综合评估分区;当评估区存在多灾种时,危险性及综合分区评估结论应充分考虑多灾种叠加作用,并采取就高不就低的原则确定。

10.2.3 评估应根据评估区遭受和引发地质灾害类型、规模、稳定性和承灾对象的社会经济属性等,分区(段)判定地质灾害危险性等级。

11 场地适宜性及防治措施

11.1 场地适宜性分级原则

根据地质灾害危险性综合评估结果,依据地质灾害危险性程度、防治措施难易程度和防治效益进行场地适宜性分级,可划分为适宜、基本适宜和适宜性差三级。

11.2 场地适宜性分级

11.2.1 适宜:地质环境条件简单,工程建设遭受地质灾害危害的可能性小,引发、加剧地质灾害的可能性小,危险性小,防治工程简单或不需要设防。

11.2.2 基本适宜:不良地质现象较发育,地质构造、地层岩性变化较大,工程建设遭受地质灾害危害的可能性中等,引发、加剧地质灾害的可能性中等,危险性中等,但可采取适当防治措施予以处理;工程建设遭受地质灾害危害的可能性大,引发地质灾害的可能性大,危险性大,但易于消除,防治工程较简单、费用低。

11.2.3 适宜性差:地质灾害发育强烈,地质构造复杂,岩层结构软弱且变化大,工程建设遭受地质灾害危害的可能性大,引发、加剧地质灾害的可能性大,危险性大,防治工程技术复杂或防治经费特别大;不良地质现象较发育,地质构造、地层岩性变化较大,工程建设遭受地质灾害危害的可能性中等,引发、加剧地质灾害的可能性中等,危险性中等,防治工程技术复杂或防治经费特别大。

11.3 防治措施

11.3.1 防治原则

在基本查明各种地质灾害特征的基础上,按"安全可靠、技术可行、经济合理、保护环境"的原则选用防治措施,防治措施既要有针对性,又要有可操作性。

11.3.2 崩塌防治

一般采取坡面防护、削坡清除、支撑加固、被动拦挡遮挡、截排水、避让等措施。

11.3.3 滑坡防治

一般采取坡面防护、减重反压、支挡加固、截排水、避让等措施。

11.3.4 泥石流防治

一般采取防护、排导、拦挡、生物、避让等措施。

11.3.5 岩溶地面塌陷防治

一般采取地基加固、控制岩溶地下水开采、调整建筑物布局、合理选择基础持力层、增加建(构)筑物抗变形能力、避让等措施。

11.3.6 采空塌陷防治

一般采取设置避让、地基加固处理、抗变形设计等措施。

11.3.7 地裂缝防治

一般采取回填、夯实、地基加固、抗变形设计、控制地下水开采、避让等措施。

11.3.8 地面沉降防治

一般采取设计时预留地面沉降值、限制或控制地下水开采、围堤排涝等防治措施。

12 评估成果提交

12.1 一般规定

12.1.1 场地地质灾害危险性评估成果应以文字、表格和图件相结合的形式表达。

12.1.2 对原始资料应进行整理、检查，确认无误后方可使用。

12.1.3 评估成果的文字、图表、术语、代号、符号、数字、计量单位、标点均应符合中国地质灾害防治工程行业协会编制的《地质灾害防治工程基本术语》《地质灾害防治工程图示图例标准》的有关规定。

12.1.4 评估成果应真实可靠、数据无误、图表清晰、重点突出、结论有据、建议合理、措施可行。

12.2 评估报告

地质灾害危险性评估报告的编写按《地质灾害危险性评估报告编制规程》要求编写。一般要求如下：

a） 应在调查和综合分析资料的基础上编写建设场地（或规划区）地质灾害危险性评估报告。

b） 评估工作概述主要是阐述场地建设的概况、以往工作程度、工作方法及工作量、评估范围和本次评估级别。

c） 地质环境条件主要包括场地及附近的气象与水文、地形地貌、区域地质背景、地层岩性、地质构造、岩土体类型及工程地质性质、水文地质及人类工程活动影响等。

d） 地质灾害危险性现状评估应阐述地质灾害类型和危险性现状。包括评估区内已发生和潜在的灾害种类、数量、分布、规模、灾害损失等，并按灾种分别论述危险性现状等级。

e） 地质灾害危险性预测评估应阐述场地工程建设中、建设后可能引发或加剧的地质灾害危险性，以及工程本身可能遭受的地质灾害危险性。

f） 地质灾害危险性综合评估应论述综合评估原则、评估指标的选定和综合分区。

g） 阐述建设场地的适宜性及地质灾害防治措施。

h） 结论与建议。主要是对本次评估的结论进行表述，同时围绕评估结果，有针对性地提出地质灾害防治的建议。

12.3 成果图件基本要求

12.3.1 评估区地质灾害分布图

该图是以评估区地质环境条件为背景，主要反映地质灾害类型、特征和分布规律。

a） 比例尺：按委托单位要求并考虑便于阅读。

b) 平面图内容：
   1) 按规定的素色表示简化的地理、行政区划要素；
   2) 按 GB 12328—90《综合工程地质图图例及色标》规定的色标，以面状普染色表示岩土体工程地质类型；
   3) 采用不同颜色的点状、线状符号表示地质构造、地震、水文地质和水文气象要素；
   4) 采用不同颜色的点状或面状符号表示各类地质灾害点的位置、类型、成因、规模、稳定性、危险性等。
c) 镶图与剖面图：对于有特殊意义的影响因素，可在平面图上附全区或局部地区的专门性镶图，如降水等值线图、全新世活动断裂与地震震中分布图等，同时应附区域控制性地质、地貌剖面图。
d) 大型、典型地质灾害说明表：用表的形式辅助说明平面图的有关内容。表的内容包括地质灾害点编号、地理位置、类型、规模、形成条件与成因、危险性与危害程度、发展趋势等。

12.3.2 综合分区评估图

该图主要反映地质灾害危险性综合分区评估结果和防治措施。

a) 比例尺：按委托单位要求并考虑便于阅读，可自行规定。
b) 平面图内容：
   1) 按规定的素色表示简化地理要素和行政区划要素；
   2) 采用不同颜色的点状、线状符号分门别类地表示建设项目工程部署和已建的重要工程；
   3) 采用面状普染色表示地质灾害危险性三级综合分区；
   4) 以代号表示地质灾害点(段)防治分级，一般可划分为：重点防治点(段)、次重点防治点(段)、一般防治点(段)；
   5) 采用点状符号表示地质灾害点(段)防治措施，一般可分为：避让措施、生物措施、工程措施、监测预警措施。
c) 综合分区(段)说明表：表的内容主要包括危险性级别、区(段)编号、工程地质条件、地质灾害类型与特征、发育强度与危害程度、防治措施建议等。

12.3.3 应附大型、典型地质灾害点的照片和潜在不稳定斜坡、边坡的工程地质剖面图等。

12.3.4 文字报告内的插图

文字报告应有交通位置图、工程建设平面布置图、场地规划图、地形地貌图、地质图、地质构造图、工程地质分区图、水文地质图及水文地质剖面图、等水位线图，应符合中国地质灾害防治工程行业协会编制的相关行业标准的规定。

12.3.5 评估报告章节安排

评估报告章节内容参见附录 B。

附 录 A
(规范性附录)
评估工作程序框图

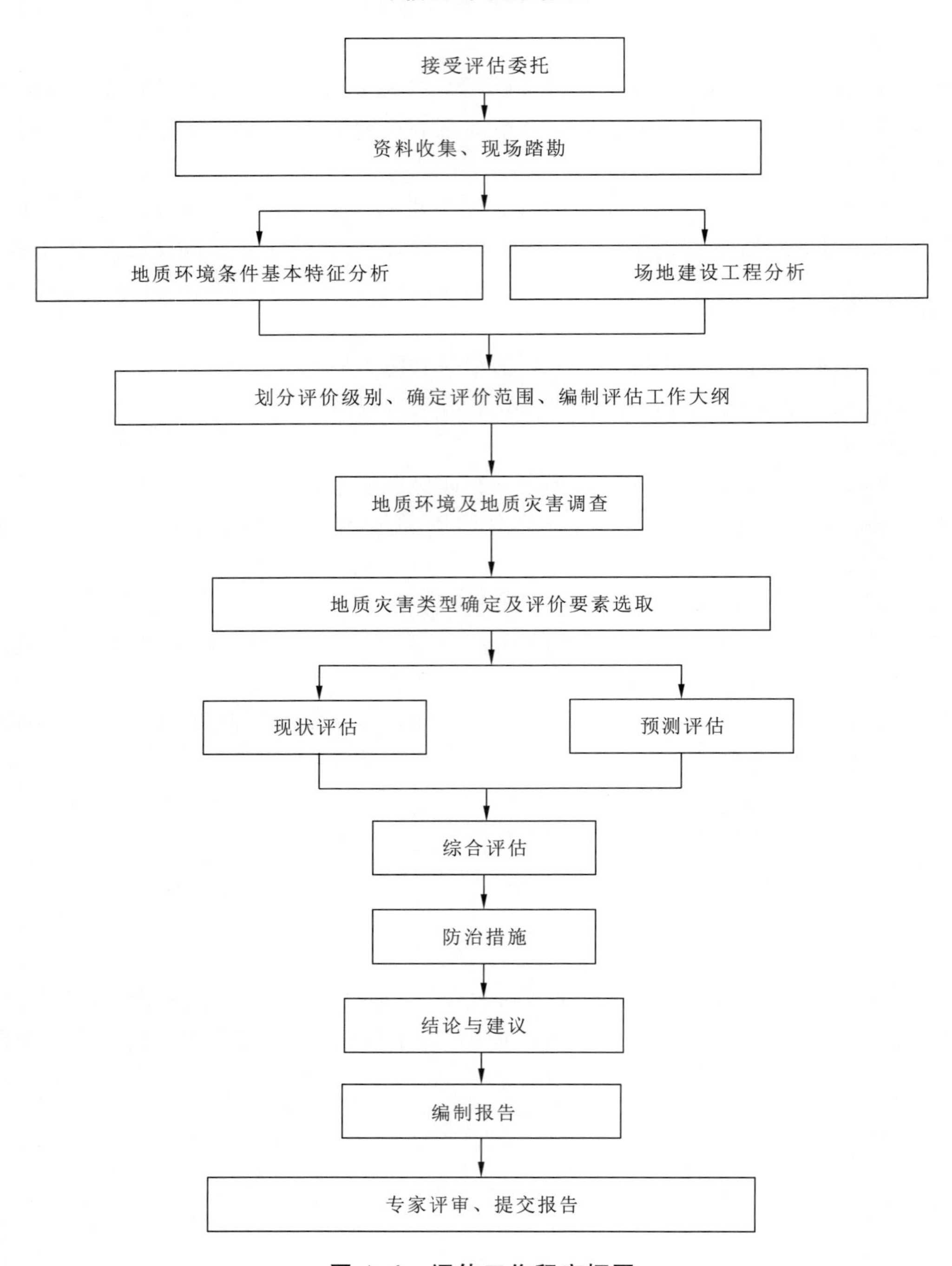

图 A.1　评估工作程序框图

附　录　B
（资料性附录）
评估报告主要章节

1　前言

1.1　评估工作由来
1.2　评估工作依据
1.3　评估工作目的与任务

2　评估工作概述

2.1　拟建工程或规划概况与用地范围
2.2　以往工作程度
2.3　工作方法及完成的工作量
2.4　工程建设或规划项目的重要性
2.5　地质环境调查及复杂程度分级
2.6　评估范围的确定
2.7　评估级别的确定

3　地质环境条件

3.1　气象水文特征
3.2　地形地貌特征
3.3　区域地质构造背景
3.4　地层岩性
3.5　地质构造
3.6　岩土体类型及工程地质性质
3.7　水文地质条件
3.7.1　地下水类型、含水层分布及富水性
3.7.2　地下水开采与补给、径流、排泄条件
3.7.3　地下水动态特征及变化趋势
3.8　人类工程活动

4　地质灾害危险性现状评估

4.1　地质灾害类型及特征
4.2　地质灾害形成机理及地质灾害危险性现状评估

5　地质灾害危险性预测评估

5.1　工程建设中、建设后可能引发或加剧地质灾害危险性预测评估

5.2　工程建设自身可能遭受地质灾害危险性预测评估

6　地质灾害危险性综合分区评估与防治措施

6.1　地质灾害危险性综合评估原则

6.2　量化指标的确定

6.3　适宜性分区及建设场地适宜性评估

6.4　防治措施建议

7　结论及建议

7.1　结论

7.2　建议

附 录 C
(资料性附录)
建设项目重要性分类

表 C.1 化工石化医药行业建设项目重要性分类表

项目类型/类别	重要建设项目	较重要建设项目	一般建设项目
石油炼制气体分离/(万 t/a)	＞20	20～10	＜10
催化反应加工(投资)/亿元	＞2	2～0.5	＜0.5
加氢反应及制氢 (投资或压力)	＞1(亿元)	1～0.3(亿元)	＜0.3(亿元)
	＞8(MPa)	8～4(MPa)	＜4(MPa)
渣油加工(投资)/亿元	1	1～0.3	＜0.3
炼厂汽加工(投资)/亿元	＞0.2	0.2～0.1	＜0.1
润滑油加工/(万 t/a)	＞15	15～5	＜5
原油、成品油油库/万 m^3	≥8(总容积)	8～3(总容积)	＜3(总容积)
	≥2(单储容积)	2～1(单储容积)	＜1(单储容积)
天然气库/万 m^3	≥1.5(总容积)	＜1.5(总容积)	
	≥0.5(单储容积)	＜0.5(单储容积)	
常温液化石油气库/m^3	≥2 000(总容积)	＜2 000(总容积)	
	≥400(单储容积)	＜400(单储容积)	
低温液化石油气库/万 m^3	≥2(总容积)	＜2(总容积)	
	≥1(单储容积)	＜1(单储容积)	
合成氨/(万 t/a)	＞18	18～8	＜8
尿素/(万 t/a)	＞30	30～13	＜13
硫酸/(万 t/a)	＞16	16～8	＜8
磷酸/(万 t/a)	＞12	12～3	＜3
烧碱/(万 t/a)	＞5	5～3	＜3
纯碱/(万 t/a)	＞30	30～8	＜8
磷肥(普钙、钙镁磷肥)/(万 t/a)	＞50	50～20	＜20
复肥/(万 t/a)	＞20	20～10	＜10
无机盐(投资)/亿元	＞1	1～0.5	＜0.5
乙烯/(万 t/a)	≥30	30～14	＜14
二甲苯/(万 t/a)	≥15	15～5	＜5
精对苯二甲酸/(万 t/a)	≥25	25～15	＜15
醋酸乙烯、氯乙烯/(万 t/a)	≥8	＜8	
甲醇/(万 t/a)	≥10	10～5	＜5

表 C.1 化工石化医药行业建设项目重要性分类表(续)

项目类型/类别		重要建设项目	较重要建设项目	一般建设项目
乙二醇、苯乙烯、聚苯乙烯、醋酸或聚酯、ABS/(万 t/a)		≥10	<10	
环氧丙烷、苯酐/(万 t/a)		≥4	<4	
苯酚丙酮/亿元		≥6	<6	
丁二烯、丙烯腈、尼龙 66/(万 t/a)		≥5	<5	
高压聚乙烯/(万 t/a)		≥18	<18	
低压聚乙烯、全密度聚乙烯/(万 t/a)		≥14	<14	
聚氯乙烯/(万 t/a)		≥10(乙烯法)	<10(乙烯法)	
		≥5(电石法)	<5(电石法)	
聚乙烯醇、己内酰胺(万 t/a)		≥6	<6	
聚丙烯/(万 t/a)		≥7	<7	
顺丁橡胶、丁苯橡胶/(万 t/a)		≥5	<5	
有机化工石油化工	丁基橡胶(万 t/a)	≥3		
	乙丙橡胶/(万 t/a)		≥2	
	丁腈橡胶/(万 t/a)		≥1	
	高效低毒农药/(t/a)	≥1 000	1 000~500	<500
精细化工(投资)/亿元		≥0.5	0.5~0.3	<0.5
橡胶轮胎工程/(万套/a)		≥30	30~10	<10
其他橡胶制品(投资)/亿元		≥0.5	<0.5	
合成材料及加工	树脂成型加工/(万 t/a)	≥3	3~1	<1
	塑料薄膜/(万 t/a)	≥0.3	0.3~0.1	<0.1
	塑料编织袋/(万条/a)	≥500	<500	
	油茶及涂料/(万 t/a)	≥4	4~1	<1
其他石油化工项目(投资)/亿元		≥3	3~1	<1
化学原料(投资)/亿元		≥2	2~1	<1
生物药(投资)/亿元		≥1	1~0.5	<0.5
中药/亿元		≥0.8	0.8~0.5	<0.5
制剂药/亿元		≥1	1~0.5	<0.5
药用包装材料/亿元		≥1	1~0.5	<0.5

表 C.2　物粮行业建设项目重要性分类表

项目类型/类别		重要建设项目	较重要建设项目	一般建设项目
高低温冷藏库/万 m^3		>2	2～0.5	≤0.5
气调冷藏库/万 m^3		>1.5	1.5～0.4	≤0.4
猪屠宰厂/(头/班)		>1 500	1 500～500	≤500
牛屠宰厂/(头/班)		>150	150～50	≤50
羊屠宰厂/(头/班)		>3 000	3 000～1 000	≤1 000
家禽屠宰厂/(万只/班)		>3	3～1	≤1
蔬菜加工/(t/h)		>2	2～0.5	≤0.5
批发市场与物流中心工程/万 m^2		>4	4～1.5	≤1.5
成品油储运工程/万 m^3		>10	10～2	≤2
制冰厂工程/(t/d)		>120	120～100	≤100
商业仓库/万 m^3		>2	2～1	≤1
棉麻库/万 t		>2.5	2.5～1	≤1
制粉工程(原粮)/(t/d)		≥250	250～140	≤140
碾米及杂粮加工工程(原粮)/(t/d)		≥150	150～80	≤80
油脂加工工程(油料)/(t/d)		≥500	500～80	≤80
饲料加工工程(年单班)/万 t		≥2	2～1	≤1
粮食仓储工程	仓容/万 t	≥15	15～5	≤5
	投资/亿元	≥1	1～0.3	≤0.3
食用油库工程/万 m^3		≥10	10～4	≤4
玉米加工工程(t/d)		≥500	500～100	≤100
粮食深加工工程(投资)/万元		≥3 000	3 000～500	≤500

表 C.3　轻纺行业建设项目重要性分类表

项目类型/类别	重要建设项目	较重要建设项目	一般建设项目
纸板类制浆造纸/(万 t/a)	≥10	10～5	≤5
木材纸浆制浆造纸/(万 t/a)	≥10	10～5	≤5
印刷文化用纸/(万 t/a)	≥5	5～3	≤3
非木材纸浆/(万 t/a)	≥5	5～3	≤3
啤酒、饮料/(万 t/a)	≥10	10～3	≤3
麦芽/(万 t/a)	≥5	5～2	≤2
乳品(鲜奶)/(t/日处理)	≥100	100～40	≤40
卷烟(万箱/a)	≥50	50～30	≤30
甘蔗糖(原料)/(t/日处理)	≥3 000	3 000～1 500	≤1 500
甜菜糖(原料)/(t/日处理)	≥1 500	1 500～750	≤750

表 C.3　轻纺行业建设项目重要性分类表(续)

项目类型/类别	重要建设项目	较重要建设项目	一般建设项目
烷基苯、五钠/(万 t/a)	≥7	7～2	≤2
洗衣粉/(万 t/a)	≥5	5～2	≤2
电池/(亿只/a)	≥3	3～0.8	≤0.8
塑料制品/(万件/a)	≥1	1～0.5	≤0.5
日用玻璃厂/(万 t/a)	≥3	3～1.5	≤1.5
日用陶瓷厂/(万 t/a)	≥1 000	1 000～500	≤500
海湖盐厂/(万 t/a)	≥70	70～20	≤20
井矿盐厂/(万 t/a)	≥30	30～10	≤10
皮革毛皮及制品厂(标准万张/a)	≥30	30～20	≤20
电冰箱厂/(万台/a/单班)	≥20	20～10	≤10
洗衣机厂/(万台/a)	≥30	30～10	≤10
空调压缩机厂/(万台/a)	≥100	100～50	≤50
钟表厂/(万只/a)	≥100	100～40	≤40
缝纫机厂/(万架/a)	≥50	50～15	≤15
自行车厂/(万辆/a)	≥100	100～30	≤30
其他轻工业工程(固定资产投资)/亿元	≥0.8	0.8～0.3	≤0.3
棉纺工程/万锭	≥5	5～3	<3
毛纺工程(精纺)、麻纺工程/万锭	≥0.5	0.5～0.3	<0.3
毛纺工程(粗纺)/万锭	≥0.3	0.3～0.1	<0.1
机织工程/(台/a)	≥400	400～200	<200
针织工程/(万件/a)	≥500	500～300	<300
印染工程/(万 m/a)	≥5 000	5 000～1 500	<1 500
服装工程/(万件/a)	≥100	100～60	<60
聚酯工程/(万 t/a)	≥10	<10	
浆粕工程/(万 t/a)	≥5	<5	
锦纶切片工程/(万 t/a)	≥1.5	<1.5	
涤纶长丝工程/(万 t/a)	≥5	5～1	<1
丙纶长丝工程/(万 t/a)	≥1.5	1.5～0.75	<0.75
锦纶长丝工程/(万 t/a)	≥1.5	1.5～0.5	<0.5
粘胶长丝工程/(万 t/a)	≥0.6	<0.6	
醋纤长丝工程/(万 t/a)	≥1	<1	
涤纶工业丝工程(含固相增粘)、锦纶工业丝工程、涤纶短纤工程/(万 t/a)	≥1.5	1.5～0.4	<0.4
丙纶短纤工程/(万 t/a)	≥1.5	1.5～1	<1
腈纶短纤工程/(万 t/a)	≥5	5～1	<3
粘胶短纤工程/(万 t/a)	≥5	<5	
氨纶工程/(万 t/a)	≥0.1	0.1～0.05	<0.05
无纺布工程/(万 t/a)	≥1.2	1.2～0.5	<0.5
特种纤维工程/(万 t/a)	≥1	<1	

表 C.4 市政公用行业建设项目重要性分类表

项目类型/类别		重要建设项目	较重要建设项目	一般建设项目
集中供水水源地/(万 m^3/d)		≥5	5~1	<1
管道燃气工程/(万 m^3/d)		≥30	30~10	≤10
液化气工程/(万 t/a)		≥3	3~0.5	≤0.5
热力工程/(万 m^3)		≥500	500~150	≤150
桥梁工程/m	多孔跨径	≥100	100~30	≤30
	单孔跨径	≥40	40~30	≤30
轨道交通风景园林工程/万元		≥1 000	1 000~100	≤100
生活垃圾焚烧工程、堆肥工程(t/d)		≥300	300~100	≤100
污水处理厂/(万 m^3/d)		≥12	12~5	<5
垃圾填埋场/万 m^3		≥1 000	1 000~500	<500
		危险废弃物		
垃圾处理厂(年处理能力)/万 t		≥45	45~10	<10

表 C.5 工业建筑行业建设项目重要性分类表

项目类型/类别		重要建设项目	较重要建设项目	一般建设项目
机械多项工程(投资)/亿元		>0.5	0.5~0.2	<0.2
机械单项工程(投资)/万元		>2 000	2 000~500	<500
轻型房屋钢架结构工程	网架、网壳等	最小边跨度≥60 m 总建筑面积≥1.5 万 m^2	最小边跨度<60 m 总建筑面积<1.5 万 m^2	
	单层网架、排架、多层框架等	单跨度≥36 m(钢架) 层数≥7 层(框架) 总建筑面积≥1.5 万 m^2	单跨度<36 m(钢架) 层数<7 层(框架) 总建筑面积<1.5 万 m^2	
	压型拱板/m	跨度>36	跨度≤36	
单层工业厂房	吊车吨位/t	≥30	30~15	<15
	跨度/m	≥24	24~18	<18
多层工业厂房	跨度/m	≥12	<12	
	层数/层	≥6	<6	

表 C.6 建材行业建设项目重要性分类表

项目类型/类别		重要建设项目	较重要建设项目	一般建设项目
水泥厂工程	水泥熟料/(t/d)	≥3 000	3 000~2 000	<2 000
	特种水泥/(万 t/a)	≥20	20~10	<10
浮法玻璃工程/(t/d)		≥500	500~400	<400
加工玻璃工程/万元		≥6 000	6 000~3 000	<3 000
卫生陶瓷工程/(万件/a)		≥60	60~30	<30
建筑陶瓷工程/(万 m^3/a)		≥150	150~70	<70

表 C.6　建材行业建设项目重要性分类表(续)

项目类型/类别		重要建设项目	较重要建设项目	一般建设项目
电熔耐火材料工程/(t/d)		≥3 000	3 000～1 500	＜1 500
烧结及其他耐火材料工程/(万 t/d)		≥5	5～1.5	＜1.5
新型建筑材料工程	色釉料/万元	≥5 000	5 000～3 000	＜3 000
	玻璃棉/(t/a)	≥6 000	6 000～2 000	＜2 000
	矿(岩)棉/(万 t/a)	≥1	1～0.5	＜0.5
	墙体砖、屋面瓦/(万块/a)	≥6 000	6 000～3 000	＜3 000
	建筑轻质板材及石膏制品、保温隔热材料、装饰装修材料及配套产品、防水材料及化学建材、水泥制品及混凝土砌块、商品混凝土搅拌站/万元	≥6 000	6 000～3 000	＜3 000
玻璃纤维/(t/a)		≥3 000	3 000～1 000	≤1 000
玻璃钢/(t/a)		≥7 500	7 500～5 000	≤5 000
人工晶体/万元		≥2 000	2 000～1 000	≤1 000
注:表中没有包含的项目类别,可比照类似项目选择确定建设项目重要性。				

表 C.7　冶金行业建设项目重要性分类表

项目类型/类别		重要建设项目	较重要建设项目	一般建设项目
烧结	烧结矿/(万 t/a)	≥160	＜160	
	单台烧结机的规格/m^3	≥90	＜90	
氧化球团带式焙烧或链篦机回转窑/(万 t/a)		≥100(球团矿)	＜100(球团矿)	
氧化球团竖炉/m^3		≥16(单座竖炉的规格)	8～16	＜8
炼铁	铁/(万 t/a)	≥100	＜100	
	单座高炉的规格/t	≥1 000	＜1 000	
转炉炼钢	钢/(万 t/a)	≥100	＜100	
	单座转炉的规格/t	≥50	＜50	
电炉炼钢	钢/(万 t/a)	≥50	＜50	
	单座转炉的规格/t	≥50	＜50	
炉外精炼与连铸		与炼钢工程相匹配		
铁合金(单座还原电炉能力)/kVA		≥12 500	＜12 500	
板带轧钢/mm		装有连续式、半连续式轧机,或装有炉卷轧机,或装有宽度≥2 300 中厚板轧机,或装有宽度≥1 200单机架冷轧机或装有宽度≥500 连续式镀层机组	装有宽度＜1 200 单机架冷轧机,或装有宽度＜500连续式镀层机组	
型材轧机/mm		装有轧机辊经≥750 型材轧机,或装有连续式中、小型型材轧机	装有轧机辊经＜750 型材轧机,或装有半连续式中、小型型材轧机	

表 C.7 冶金行业建设项目重要性分类表(续)

项目类型/类别		重要建设项目	较重要建设项目	一般建设项目
线材轧机/(m/s)		装有连续式线材轧机，精轧速度≥50	装有半连续式线材轧机，精轧速度＜50	
无缝钢管/mm		管径≥114	管径＜114	
焊接钢管/mm		管径≥168	管径＜168	
一般钢丝及制品/(万 t/a)		≥1	＜1	
特殊钢丝及制品/(万 t/a)		≥0.5	＜0.5	
炼焦	焦炭(万 t/a)	≥50	＜50	
	炭室高度/m	≥4.3	＜4.3	
焦化产品	焦炉煤气净化能力(万 m^3/h)	≥2.5	＜2.5	
	万 t/a	焦油加工能力≥10 或粗苯精制能力≥2.5	焦油加工能力＜10 或粗苯精制能力＜2.5	
普通耐火材料/(万 t/a)		≥2 黏土砖、硅砖或≥1 其他耐火砖	＜2 黏土砖、硅砖或＜1 其他耐火砖	
新型高级耐火材料和功能耐火材料(万 t/a)		≥1 高纯镁砂，或≥10 优质高纯铝矾土，或≥0.1 其他耐火材料	＜1 高纯镁砂，或＜10 优质高纯铝矾土，或＜0.1 其他耐火材料	
活性石灰/(万 t/a)		≥5	＜5	
镍联合企业/(万 t/a)		＞1	1～0.5	＜0.5
其他重金属联合企业(金属)/(万 t/a)		＞2	2～0.8	＜0.8
常用金属冶炼、电解厂(金属)/(万 t/a)		＞3	3～1	＜1
氧化铝厂(金属)/(万 t/a)		＞20	20～5	＜5
电解铝厂(金属)/(万 t/a)		＞5	5～3	＜3
重金属加工厂(加工材料)/(万 t/a)		＞3	3～0.5	＜0.5
轻金属加工厂(加工材料)/(万 t/a)		＞2	2～0.3	＜0.3
其他冶金工程(投资)/亿元		＞0.5	0.5～0.2	＜0.2

表 C.8 民用建筑行业建设项目重要性分类表

项目类型/类别		重要建设项目	较重要建设项目	一般建设项目
规划区		开发区、城镇新区及大于 1 500 人的新建村庄	小于 1 500 人的新建村庄	
一般房屋建筑工程		高度≥28 层，跨度≥36 m(轻钢结构除外)，单项工程建筑面积≥3 万 m^2	高度 28 层～14 层，跨度 36 m～24 m(轻钢结构除外)，单项工程建筑面积 3 万 m^2～1 万 m^2	高度＜14 层，跨度＜24 m(轻钢结构除外)，单项工程建筑面积＜1 万 m^2
出让地块	住宅和公建用地	面积＞15 万 m^2	面积 15 万 m^2～1 万 m^2	面积＜1 万 m^2
	其他设施用地	面积＞20 万 m^2	面积 20 万 m^2～3 万 m^2	面积＜3 万 m^2

表 C.8 民用建筑行业建设项目重要性分类表(续)

项目类型/类别	重要建设项目	较重要建设项目	一般建设项目
高耸构筑工程	高度＞120 m	高度 120 m～70 m	高度＜70 m
学校	高等院校、24 个班及以上的中小学	24 个班及以下的中小学	
医院	床位≥500 张	床位 500 张～300 张	床位＜300 张
疗养院、度假村	床位≥3 000 张	床位 3 000 张～1 000 张	床位＜1 000 张
影剧院	座位＞1 500 个	座位 1 500 个～500 个	座位＜500 个
体育馆(场)	座位≥5 000 个 (50 000 个)	座位 5 000 个～2 000 个 (50 000 个～10 000 个)	座位＜2 000 个 (10 000)
地下工程	地下空间总建筑面积≥5 万 m^2	地下空间总建筑面积 5 万 m^2～1 万 m^2	地下空间总建筑面积＜1 万 m^2
人防工程	大型规模	中型规模、防护等级四级及以上的各类防空专业队工程和人员物资掩蔽工程	小型规模、防护等级五级及以下的人员物资掩蔽工程

表 C.9 电子通信广电行业建设项目重要性分类表

项目类型/类别		重要建设项目	较重要建设项目	一般建设项目
电子整机产品、电子基础产品、显示器件、微电子产品项目/亿元		≥1	1～0.3	＜0.3
电子特种环境工程项目、电子系统工程项目/万元		≥3 000 或国家重点项目	3 000～500	＜500
邮政、电信、广播枢纽及交换工程		省际间	本市内	区县以下
通信铁塔/m		≥80	＜80	
广播中心台自制节目/套数		≥4	3～2	1
电视中心台自制节目/套数		≥6	5～3	2～1
广播电视中心台自制节目/套数		≥6	5～3	2
中、短波发射塔单机发射功率/kW		≥150	150～50	≤50
电视、调频发射塔	单机发射功率/kW	≥10	10～1	≤1
	含天线桅杆高度塔高/m	≥200	＜200	
有线广播、电视台(站)用户终端户数/户		≥10 000	10 000～2 000	≤2 000
微波站(传播方向)/个		≥10	10～4	≤4
卫星地球站(下行)天线直径/m		11～18	7～5	5～3.7
光传输网络及网络中心(投资)/亿元		＞0.5	0.5～0.1	＜0.1
电影制片厂(投资)/亿元		＞1	1～0.5	＜0.5
特种影院(所容电影系统)(注)		70 mm(15p 或 8p)巨幕电影	环幕或 70 mm 立体声电影	70 mm(5p)或 35 mm 环幕电影
立体声影院(所容主要电影系统)		70 mm 宽幕立体声电影	35 mm 立体声电影	35 mm 非立体声电影

注:15p、8p、5p 分别表示该电影拷贝上,每一画所占齿孔数为 15 个、8 个、5 个。

附　录　D
（资料性附录）
地面沉降估算

D.1　分层总和法

D.1.1　黏性土及粉土层应按下式计算：

$$S_{\infty} = \frac{a_{v}}{1+e_{0}} \Delta p \times H \quad \text{(D.1)}$$

D.1.2　砂层应按下式计算：

$$S_{\infty} = \frac{\Delta p \times H}{E} \quad \text{(D.2)}$$

式中：

S_{∞}——最终沉降量，单位为 cm；

a_{v}——黏性土或粉土的压缩系数或回弹系数，单位为 MPa^{-1}；

e_{0}——原始孔隙比；

Δp——水位变化施加于土层上的平均荷载，单位为 MPa；

H——计算土层的厚度，单位为 cm；

E——砂土的弹性模量，压缩时为 E_{c}，回弹时为 E_{s}，单位为 MPa。

总沉降量等于各土层沉降量的总和。

D.2　单位变形量法

D.2.1　以已有的地面沉降实测资料为根据（预测期前 3 a～4 a 的实测资料），计算在某一特定阶段（水位上升或下降）内，含水层水头每变化 1m 相应的变形量，称为单位变形量，可按下列公式计算：

$$I_{s} = \frac{\Delta s_{s}}{\Delta h_{s}} \quad \text{(D.3)}$$

$$I_{c} = \frac{\Delta s_{c}}{\Delta h_{c}} \quad \text{(D.4)}$$

式中：

I_{s}，I_{c}——水位升、降期的单位变形量，单位为 mm/m；

Δh_{s}，Δh_{c}——同时期的水位升、降幅度，单位为 m；

Δs_{s}，Δs_{c}——相应于该水位变幅下的土层变形量，单位为 mm。

为反映地质条件和土层厚度与 I_{s}，I_{c} 参数的关系，将上述单位变形量除以土层的厚度 H(mm)，称为该土层的比单位变形量，按下列公式计算：

$$I'_{s} = \frac{I_{s}}{H} = \frac{\Delta s_{s}}{\Delta h_{s} \times H} \quad \text{(D.5)}$$

$$I'_{c} = \frac{I_{c}}{H} = \frac{\Delta s_{c}}{\Delta h_{c} \times H} \quad \text{(D.6)}$$

式中：

I'_{s}，I'_{c}——水位升、降期的比单位变形量，单位为 mm/m。

在已知预期的水位升降幅度和土层厚度的情况下，土层预测回弹量或沉降量按下列公式计算：

$$s_s = I_s \cdot \Delta h = I'_s \cdot \Delta h \cdot H \quad \text{(D.7)}$$

$$s_c = I_c \cdot \Delta h = I'_c \cdot \Delta h \cdot H \quad \text{(D.8)}$$

式中：

s_s，s_c——水位上升或下降 Δh(m)时，厚度为 H(mm)的土层预测沉降量，单位为 mm。

D.2.2 为预测地面沉降的发展趋势，在水位升降已经稳定的情况下，土层变形量与时间变化关系，可用下列公式计算：

$$s_t = s_\infty \cdot U \quad \text{(D.9)}$$

$$U = 1 - \frac{8}{\pi^2}\left(e^{-N} + \frac{1}{9}e^{-9N} + \frac{1}{25}e^{-25N} + \cdots\right) \quad \text{(D.10)}$$

$$U = \frac{\pi^2 Cv}{4H^2}t \quad \text{(D.11)}$$

式中：

s_t——预测某时刻 t 月以后的土层变形量，单位为 mm；

U——固结度，单位为%；

t——时间，单位为月；

N——时间因素；

Cv——固结系数，压缩时为 Cv_c，回弹时为 Cv_s，单位为 mm^2/月；

H——土层的计算厚度，两面排水时取实际厚度的一半，单面排水时取全部厚度，单位为 mm。

注：Cv 单位一般用 cm^2/s，换算关系为 $1\ cm^2/s = 2.59 \times 10^8\ mm^2$/月。

附　录　E
(规范性附录)
崩塌调查表

表 E.1　崩塌调查表

名称				地理位置	省(市、区)　市(县、区)　乡			
编号					村　组　(小地名)			
崩塌类型	□倾倒 □滑移 □坠落 □复合	崩塌性质	□岩质 □碎块石 □土质 □岩土质		坐标/m	X: Y:	崖顶高程/m	
							崖底高程/m	
					经度:　°　′　″		纬度:　°　′　″	

崩塌环境	地质环境	地层岩性			地质构造		微地貌	地下水类型
		时代	岩性	产状	构造部位	地震烈度	□陡崖　□陡坡 □缓坡　□平台	□孔隙水　□潜水 □裂隙水　□承压水 □岩溶水　□上层滞水

崩塌环境	地质环境	坡体结构	风化程度		岩体基本质量等级
		□顺向　□反向　□切向 □特殊结构斜坡	□土质	□岩质 □全风化　□中等风化 □微风化　□未风化	

崩塌环境	地质环境	基座特征						
		软弱地层情况	时代		岩性		产状	
		风化剥蚀情况	□全风化　□中等风化　□微风化　□未风化					
		岩腔及洞穴						
		变形情况						

崩塌环境	地质环境	岩体结构面性状		产状	力学属性	贯通情况	张开/闭合情况	间距	充填物	充水情况
			结构面 1							
			结构面 2							
		卸荷带特征								

崩塌环境	自然地理环境	降雨量/mm			水文		坡体植被发育情况
		年均	日最大	时最大	洪水位/m	枯水位/m	□裸露　□灌木 □乔木　□其他

崩塌历史	发生次数		发生时间		崩塌类型		崩塌规模		崩塌方向	
	崩塌原因		崩塌途径		岩块直径		堆积场所		崩塌最远距离	
	崩塌前迹象									
	损失程度									

表 E.1　崩塌调查表(续)

崩塌基本特征	陡崖(体)基本特征	陡崖总体形态特征							
		高度/m	宽度/m	厚度/m	面积/m²	体积/m³	坡度/(°)	主崩方向/(°)	稳定性

		危岩特征				
		分布位置	危岩形态	分布高程/m	规模(宽×高×厚)/(m×m×m)	危岩体积/m³

		危岩岩性	产状	基座岩性	主崩方向/(°)	崩塌方式	运动距离/m	稳定性

	崩塌成因分析	自然因素	□极度发育节理　□外倾结构面　□风化剥蚀　□软弱基座　□风化　□融冻　□胀缩　□孔隙水压力升高　□洪水冲蚀　□地震　□植物根劈　□临空卸荷　□地震　□溶蚀
		人类工程活动	(人工切坡、矿山开采情况、采空区等):

	可能引起的次生灾害类型	类型		规模		影响范围	
	崩塌危险区范围及可能损失预测			威胁对象(人数、财产)			

崩塌堆积体特征	崩塌源								崩塌方式	发生时间
	位置		高程/m		规模		岩性			

	崩塌堆积体									
	分布范围	分布高程/m	形态规模	物质组成	分选情况	块度	结构	密实度	架空情况	植被生长情况

	崩塌体运移斜坡						
	形态	地形坡角/(°)	岩性	起伏差	粗糙度	运动路线	运动距离/m

	崩塌堆积床					水文地质情况				
	形态	地形坡角/(°)	坡体结构	岩性	产状	裂隙充水状态	分布情况	补给情况	径流情况	排泄情况

	堆积体稳定性初步评价	
	在危岩再次崩塌条件下稳定性评价	
	堆积体在暴雨作用下向泥石流、滑坡等转化的可能性评价	
防治措施建议		

表 E.1　崩塌调查表(续)

危岩总体照片	
崩塌堆积体照片	
崩塌平面示意图	

调查单位：________　　　　调　查　人：________

检　查　人：________　　　　调查时间：________

表 E.2 危岩基本要素特征表

<table>
<tr><td>危岩
编号</td><td></td><td>危岩
位置</td><td>X：
Y：</td><td>分布高程
/m</td><td></td><td>主崩
方向</td><td></td><td>素描图、正立面图</td></tr>
<tr><td>危岩
形态</td><td></td><td>危岩大小
（高×宽×厚）
/(m×m×m)</td><td></td><td>体积/m³</td><td colspan="3"></td><td rowspan="4"></td></tr>
<tr><td>危岩地
层岩性</td><td></td><td>基座地层岩性</td><td></td><td>岩层产状</td><td colspan="3"></td></tr>
<tr><td>崩塌
方式</td><td></td><td>运动距离/m</td><td></td><td>裂隙充水
高度/m</td><td colspan="3"></td></tr>
<tr><td>危险性
大小</td><td></td><td>现状稳定性</td><td></td><td>防治措施</td><td colspan="3"></td></tr>
<tr><td>结构面
特征及
稳定性
分析</td><td colspan="7"></td><td>危岩照片</td></tr>
<tr><td>结构
面赤
平投
影图</td><td colspan="7"></td><td></td></tr>
</table>

表 E.3 卸荷裂隙调查表

灾害点名称		坐标	X： Y：
裂隙编号		分布高程/m	
性质	裂隙类型		
	两侧岩性		
	两侧岩层产状		
	条数及间距		
几何特征	产状		
	延伸长度/m		
	裂隙宽度/mm		
	连通性		
	起伏特征		
充填物特性	颜色		
	厚度/mm		
	成分		
	蚀变特征		
	风化情况		
	胶结程度		
	密实程度		
地下水特征			
示意图		照片	

调查单位： 调 查 人：
检 查 人： 调查时间：

附　录　F
(规范性附录)
滑坡调查表

表 F.1　滑坡调查的主要内容

调查对象	调查内容
评估区	1. 评估区的地理条件:地理位置、微地形地貌特征及其演变过程,斜坡形态、坡度、相对高度及其变化,沟谷发育和河岸冲刷情况、堆积物及地表水汇聚情况以及植被发育特征; 2. 评估区的地质环境:地层岩性、地质构造、易滑地层分布及变化、地震活动情况及外动力地质现象,调查引起滑坡或滑坡复活的主导因素; 3. 评估区的气象水文条件:调查、收集气象和水文地质资料; 4. 评估区的人类工程活动及发展规划等
滑坡体	1. 滑坡体的地质结构:滑坡体物质组成、结构构造、主控结构面发育特征、岩体完整性、软弱夹层性状及含泥含水情况等; 2. 形态与规模:滑坡体的平面、剖面形状,长度、宽度、厚度等几何要素及分布高程; 3. 边界特征:滑坡后壁的位置、产状、高度及其壁面上擦痕方向,滑坡两侧界线的位置与性状,前缘出露位置、形态、临空面特征及剪出情况,滑床的露头特征等; 4. 表部特征:后缘洼地、台坎、平台、前缘鼓胀、侧缘剪胀等表部微地貌形态特征,滑坡裂缝的分布、方向、长度、宽度、产状、力学性质及其他变形特征; 5. 滑坡体内、外建筑物与树木的变形、位移及其破坏的时间和过程,井泉、水塘渗漏或水量的变化、地表水系和自然排泄沟渠的分布和断面,湿地分布和变迁情况等; 6. 滑面或软弱面特征:通过野外调查和必要的钻探等,调查滑坡体软弱层(带)的发育特征、滑面(带)的层数、形态、埋深、连通性、物质成分、胶结状况,滑动面与其他结构面的关系; 7. 变形活动特征:调查滑坡发生、发展特点、滑动的方向、滑距及滑速,分析判断滑坡变形活动阶段及其滑动方式、力学机制和目前稳定状态
影响因素	1. 自然因素:地震、降雨、洪水、侵蚀、崩坡积加载等与滑坡发生发展关系; 2. 人为因素:森林植被破坏、不合理开垦,建筑加载、矿山采掘、不合理切坡、振动、废水随意排放、渠道渗漏、水库蓄水等; 3. 综合因素:人类工程经济活动和自然因素共同作用
危害	1. 滑坡发生发展历史,破坏地面工程、环境和人员伤亡、经济损失等现状和历史情况; 2. 分析与预测滑坡的稳定性和滑坡发生后可能成灾范围及灾情; 3. 调查和预测滑坡引发的次生灾害类型及损失的历史和现状情况
防治	1. 调查当地已采取的应急预防减灾措施、防治工程及其投资情况和效果; 2. 调查当地防治滑坡灾害的勘查、治理、监测等经验

表 F.2　滑坡调查表

名称				地理位置	县(区)　　乡(镇)　　村				
野外编号		滑坡时间	□老滑坡 □现代滑坡 发生时间： 年　月 日　时		坐标/m	X： Y：	高程/m	坡顶	
								坡脚	
室内编号					经度：　°　′　″　纬度：　°　′　″				

滑坡类型	□自然　□工程　□顺层　□切层　□松脱　□推移	滑体性质	□岩质　□变形体　□土质

环境	地质环境	地层岩性		地质构造		微地貌		地下水
		时代	岩性	产状	构造部位	地震烈度	□陡崖 □陡坡 □缓坡 □平台	□孔隙水 □裂隙水 □岩溶水

环境	自然地理环境	降雨量/mm			水文		
		年　均	最大日	最大时	洪水位/m	枯水位/m	滑坡相对河流位置
							□凹岸　□凸岸

环境	原始斜坡	坡高/m	坡角/(°)	坡形	斜坡结构类型	控滑结构面	
						类型	产状
				□凹　□凸　□平　□阶			

基本特征	外形特征	长度/m	宽度/m	厚度/m	面积/m^2	体积/m^3	坡向/(°)	坡角/(°)
		平面形态				剖面形态		
		□半圆　□矩形　□舌形　□不规则				□凸型　□凹型　□平直 □阶梯　□符合		

基本特征	结构特征	滑体特征				滑床特征		
		岩性	结构	碎石含量/%	块度/cm	岩性	时代	产状
		滑面及滑带特征						
		形态	埋深/m	倾向/(°)	倾角/(°)	厚度/m	滑带土名称	滑带土性状

基本特征	地下水	埋深/m	露头	补给类型
			□上升泉　□下降泉　□湿地	□降雨　□地表水　□融雪　□人工
	地表环境	□旱地　□水田　□草地　□灌木　□森林　□裸露　□建筑		

基本特征	现状变形迹象	名称	部位	特征	初现时间
		□拉张裂缝 □剪切裂缝 □地面隆起 □地面沉降 □树木歪斜 □建筑变形 □溜滑			

表 F.2 滑坡调查表(续)

<table>
<tr><td rowspan="5">影响因素</td><td>地质因素</td><td colspan="5">岩体完整程度：
主控结构面与滑坡体滑动方向关系：
滑坡体内软弱层的存在及其性质：</td></tr>
<tr><td>地貌因素</td><td colspan="5">□斜坡陡峭 □坡角遭侵蚀 □超载堆积</td></tr>
<tr><td>物理因素</td><td colspan="5">□风化 □胀缩 □累进性破坏造成的抗剪强度降低 □洪水冲蚀 □水位陡涨陡落</td></tr>
<tr><td>人为因素</td><td colspan="5">□削坡过陡 □坡脚开挖 □坡后加载 □蓄水位降落 □植被破坏 □爆破振动
□渠塘渗漏 □灌溉渗漏</td></tr>
<tr><td>主导因素</td><td colspan="5">□暴雨 □地震 □工程活动</td></tr>
<tr><td rowspan="5">稳定性分析</td><td>复活诱发因素</td><td colspan="5">□降雨 □地震 □人工加载 □坡脚扰动 □坡体切割 □风化 □卸荷 □爆破振动
□其他</td></tr>
<tr><td rowspan="2">目前稳定状况</td><td rowspan="2">□稳定 □基本稳定
□欠稳定 □不稳定</td><td rowspan="2">已经造成危险</td><td>危害对象</td><td>危害人员/人</td><td>直接经济损失/万元</td></tr>
<tr><td></td><td></td><td></td></tr>
<tr><td rowspan="2">发展趋势状况</td><td rowspan="2">□稳定 □基本稳定
□欠稳定 □不稳定</td><td rowspan="2">潜在威胁</td><td>威胁对象</td><td>威胁人口</td><td>威胁资产/万元</td></tr>
<tr><td></td><td></td><td></td></tr>
<tr><td colspan="2">防治建议</td><td colspan="5">□避让 □裂缝填埋 □加强监测 □地表排水 □地下排水 □削方减载 □坡面防护
□反压坡脚 □支挡 □锚固 □灌浆 □植树种草
□坡改梯 □水改旱 □减少振动</td></tr>
<tr><td rowspan="2">示意图</td><td colspan="6">平面图</td></tr>
<tr><td colspan="6">剖面图</td></tr>
</table>

单位(章)： 填表人： 负责人：
填表日期： 年 月 日

表 F.3 滑坡按其物质组成和结构的主要因素分类表

类型	亚类	特征描述
土质滑坡	滑坡堆积体滑坡	由滑坡等形成的块碎石堆积体,沿下伏基岩表面或堆积体内软弱面滑动
	崩塌堆积体滑坡	由崩塌等形成的块碎石堆积体,沿下伏基岩表面或堆积体内软弱面滑动
	黄土滑坡	由黄土构成,大多发生在黄土体中
	黏性土滑坡	以各种成因的黏性土组成为主
	残坡积土滑坡	由花岗岩风化壳、沉积岩残破积土等构成,浅表层滑动
	人工堆填土滑坡	以人工填筑的堤坝和场地以及弃渣堆场等物质为主形成滑坡
岩质滑坡	顺层滑坡	由基岩构成,沿顺坡岩层或裂隙面滑动
	切层滑坡	由基岩构成,滑动面与岩层层面相切,常沿倾向坡外的一组软弱结构面滑动
	近水平层状滑坡	由基岩构成,沿缓倾岩层或裂隙滑动,滑动面倾角≤10°
	破碎岩石滑坡	由基岩构成,但滑体内构造发育,岩石破碎松散,呈碎裂结构
变形体	危岩体	由基岩构成,岩体受多组软弱结构面控制,存在潜在滑坡
	堆积层变形体	由堆积体构成,以蠕滑变形为主,滑动面不明显

表 F.4　滑坡其他因素分类表

分类因素	类型名称	特征说明
滑体厚度	浅层滑坡	滑坡体厚度≤10 m
	中层滑坡	10 m＜滑坡体厚度≤25 m
	深层滑坡	25 m＜滑坡体厚度≤50 m
	超深层滑坡	滑坡体厚度＞50 m
滑体体积（V）	小型滑坡	V≤10 万 m^3
	中型滑坡	10 万 m^3＜V≤100 万 m^3
	大型滑坡	100 万 m^3＜V≤1 000 万 m^3
	特大型滑坡	V＞1 000 万 m^3
始滑部位及运移形式	推移式滑坡	斜坡上部先滑，挤压下部产生变形，一般滑动速度较快，滑体表面波状起伏，多见于有堆积物分布的斜坡地段
	牵引式滑坡	斜坡下部先滑，使上部失去支撑而变形滑动。一般滑动速度较慢，多具上小下大的塔式外貌，横向张性裂隙发育，表面多呈阶梯状或陡坎状
	混合滑坡	始滑部位前后缘结合、共同作用
稳定程度	活滑坡	目前仍在继续活动（包括迅速、缓慢和间歇），后壁及两侧常有新鲜擦痕，滑坡体上有开裂、鼓起或前缘有挤出等变形迹象
	死滑坡	目前已停止活动，滑坡体上植被较盛，常有居民点
诱发因素	工程滑坡	在滑坡或潜在滑坡体上及边缘附近进行的工程建设活动引起的滑坡。可细分为：工程新滑坡和工程复活古滑坡
	非工程滑坡	以非工程建设活动的人为因素诱发的滑坡
	自然滑坡	由地震、暴雨、久雨、侵蚀、潜蚀、崩坡积加载等自然作用产生的滑坡

表 F.5　滑坡的演变阶段及其变形特征

演变阶段	滑动带（面）	滑坡前缘	滑坡后缘	滑坡两侧	滑坡体
弱变形阶段	主滑段滑动带（面）在蠕动变形，但滑体尚未沿滑动带位移	无明显变化，未发现新的泉点	地表建（构）筑物出现一条或数条与地形等高线大体平行的拉张裂缝，裂缝断续分布	无明显裂缝，边界不明显	无明显异常，偶见“醉树”
强变形阶段	主滑段滑动带（面）已大部分形成，部分探井及钻孔发现滑带有镜面、擦痕及搓揉现象，滑体局部沿滑动带位移	常有隆起，发育放射状裂缝或大体垂直等高线的压张裂缝，有时有局部坍塌现象或出现湿地或泉水溢出	地表或建（构）筑物拉张裂缝多而宽且贯通，外侧下错	出现雁行羽状剪裂缝	有裂缝及少量沉陷等异常现象，可见“醉汉林”
滑动阶段	滑动带已全面形成，滑带土特征明显且新鲜，绝大多数探井及钻孔发现滑动带有镜面、擦痕及搓揉现象，滑带土含水量常较高	出现明显的剪出口并经常错出。剪出口附近湿地明显，有一个或多个泉点，有时形成了滑坡舌，鼓张及放射状裂缝加剧并常伴有坍塌	张裂缝与滑坡两侧羽状裂缝连通，常出现多个阶坎或地堑式沉陷带。滑坡壁常较明显	羽状裂缝与滑坡后缘张裂缝连通，滑坡周界明显	有差异运动形成的纵向裂缝；中、后部有水塘，不少树木成“醉汉林”。滑坡体整体位移
停滑阶段	滑体不再沿滑动带位移，滑带土含水量降低，进入固结阶段	滑坡舌伸出，覆盖于原地表上或到达前方阻挡体而壅高，前缘湿地明显，鼓丘不再发展	裂缝不再增多，不再扩大，滑坡壁明显	羽状裂缝不再扩大，不再增多甚至闭合	滑体变形不再发展，原始地形总体坡度显著变小，裂缝不再扩大增多甚至闭合

表 F.6 滑坡的稳定性评价

稳定性分级	稳定	基本稳定	欠稳定	不稳定
分级标准	在一般条件(自重)和特殊工况条件(地震、暴雨等)下均是稳定的	在一般条件下是稳定的,在特殊条件下其稳定性有所降低,局部可能产生变形,但整体仍是稳定的,安全储备不高	在现状条件下是稳定的,但安全储备不高,略高于临界状态。在一般工况条件下向不稳定方向发展,在特殊工况下有可能失稳	在现状态下即近于临界状态,且向不稳定状态发展。在一般工况条件下将失稳
稳定性判别指标	原有滑坡洼地基本难以辨认或没有,滑体地面坡度平缓(≤10°),前缘斜坡较缓,临空高差小,无地表径流和继续变形的迹象;坡面上无裂缝发展,其上建筑物、植被未有新的变形迹象。原有滑坡洼地边没有新的加载来源,人为动力因素很弱或不存在	崩滑体外貌特征后期改造较大,滑坡洼地能辨认但不明显或略有封闭,滑体地面坡度较缓,前缘临空,较低缓,且已形成河流侵蚀的稳定坡型。坡面上局部有轻微变形现象。滑坡周边无新的加载来源,人为动力因素较轻微,在特殊工况下其整体稳定性有所降低,但仅可能产生局部变形破坏	崩滑体外貌特征后期改造不大,后缘滑坡洼地封闭或半封闭,滑体平均坡度中等,滑体内冲沟切割中等。滑坡前缘受冲刷尚未形成稳定坡型,有局部坍塌,整体尚无明显变形迹象,但坡面上局部滑坡裂缝发育,其上建筑物、植被有变形迹象,后缘有断续的小裂缝发育。滑坡周边有一定数量的加载来源,人为工程活动较强烈。在一般工况下是稳定的,但安全储备不高,在特殊工况下有可能整体失稳	崩滑体外貌特征明显,滑坡洼地一般封闭。滑体坡面平均坡度较陡(>30°),滑坡前缘临空较陡且常处于地表径流的冲刷之下,有季节性泉水出露,岩土潮湿、饱水。近期滑体上有明显变形破坏现象,且为滑坡变形配套产物:后缘弧形裂缝或塌陷,两侧羽状开裂,前缘鼓胀、鼓丘等变形现象发育。滑体目前接近于临界状态,且正在向不稳定方向发展,滑坡周边有加载来源。在特殊工况条件下很有可能大规模失稳
稳定性系数 F_s	$F_s > F_{st}$	$1.05 < F_s \leqslant F_{st}$	$1.00 < F_s \leqslant 1.05$	$F_s \leqslant 1.00$

注:F_{st}为滑坡稳定性安全系数,根据滑坡防治工程等级及其对工程的影响综合确定。

附　录　G
(规范性附录)
泥石流调查表

表 G.1　泥石流基本要素与形成条件调查表

项目名称：　　　　　　　　　　　　　　调查单位：

基本要素	沟名		野外编号		统一编号	
	沟口位置	经度：　°　′　″	行政区位	县　　　乡		
		纬度：　°　′　″	所属流域			
	面积/km²		沟口与沟床堆积	□大量　□中等　□少或无		
形成条件	沟坡地形					
	河沟纵坡	□>12°　□ 12°～6°　□6°～3°　□ <3°				
	山坡平均坡度	□>45°　□ 45°～35°　□ 35°～25°　□ 35°～25°　□ <15°				
	产沙区沟槽断面	□V 型　□ U 型　□复式　□平坦宽谷				
	流域相对高差/m	□>600　□600～300　□300～100　□<100				
	沟谷切割/(m/km)	□≥150　□150～100　□100～50　□≤50				
	雨量和雨强					
	多年平均雨量/mm	□≥750　□ 750～600　□ 600～500　□≤500				
	降雨强度/mm	H_{24max}	$H_{日max}$	H_{1max}	$H_{1/6max}$	
	不良地质现象					
	发育特征与发育密度/(处/km²)	崩塌、滑坡严重，表土疏松，冲沟十分发育	中小崩塌、滑坡发育，零星植被，冲沟发育	有零星崩塌、滑坡和冲沟存在	无零星崩塌、滑坡、冲沟或轻微	
		□≥20	□20～10	□10～1	□≤1	
	崩、滑体活动程度与规模	人工弃体活动程度与规模	自然堆积活动程度与规模			
	□严重　□中等　□轻微 □大　□中　□小	□严重　□中等　□轻微 □大　□中　□小	□严重　□中等　□轻微 □大　□中　□小			
	人类活动影响					
	土地利用类型	□森林　□灌丛　□草地　□农耕地　□荒地　□坡耕地				
	植被覆盖率/%	□>70　□70～50　□50～30　□30～10　□<10				
	防治措施现状		沟坡开发程度与影响			
	□有　□无	□栏、挡　□排导　□避绕	□强烈　□较强　□轻或无	□大　□中　□小		
注：泥石流或潜在泥石流均应对危害状况进行调查。						

填表人：__________　　　　　　　　　　　　填表时间：__________

表 G.2 泥石流分类表

分类指标	分类	特征
水源类型	暴雨性泥石流	由暴雨因素激发形成的泥石流
	溃决型泥石流	由水库、湖泊等溃决因素激发形成的泥石流
	冰雪融水型泥石流	由冰、雪消融水流激发形成的泥石流
	泉水型泥石流	由泉水因素激发形成的泥石流
地貌部位	山区泥石流	峡谷地形，坡陡势猛，破坏性大
	准山前区泥石流	宽谷地形，沟长坡缓势较弱，危害范围大
流域形态	沟谷型泥石流	流域呈扇形或狭长条形，沟谷地形，沟长坡缓，规模大，一般能划分出泥石流的形成区、流通区和堆积区
	山坡型泥石流	流域呈斗状，无明显流通区，形成区与堆积区直接相连，沟短坡陡，规模小
物质组成	泥流	由细粒径土组成，偶夹砂砾，黏度大，颗粒均匀
	泥石流	由土、砂、石混杂组成，颗粒差异较大
	水石流	由砂、石组成，粒径大，堆积物分选性强
固体物质提供方式	滑坡泥石流	固体物质主要由滑坡堆积物组成
	崩塌泥石流	固体物质主要由崩塌堆积物组成
	沟床侵蚀泥石流	固体物质主要由沟床堆积物侵蚀提供
	坡面侵蚀泥石流	固体物质主要由坡面或冲沟侵蚀提供
流体性质	黏性泥石流	层流，有阵流，浓度大，破坏力强，堆积物分选性差
	稀性泥石流	紊流，散流，浓度小，破坏力较弱，堆积物分选性强
发育阶段	发育期泥石流	山体破碎不稳，日益发展，淤积速度递增，规模小
	旺盛期泥石流	沟坡极不稳定，淤积速度稳定，规模大
	衰败期泥石流	沟坡趋于稳定，以河床侵蚀为主，有淤有冲，由淤转冲
	停歇期泥石流	沟坡稳定，植被恢复，以冲刷为主，沟槽稳定
暴发频率(n)	极高频泥石流	$n \geqslant 10$ 次/a
	高频泥石流	1 次/a$\leqslant n <$10 次/a
	中频泥石流	0.1 次/a$\leqslant n <$1 次/a
	低频泥石流	0.01 次/a$\leqslant n <$0.1 次/a
	间歇性泥石流	0.001 次/a$\leqslant n <$0.01 次/a
	老泥石流	0.000 1 次/a$\leqslant n <$0.001 次/a
	古泥石流	$n <$0.000 1 次/a
堆积物体积(V)	巨型泥石流	$V \geqslant$100 万 m^3
	大型泥石流	10 万 $m^3 \leqslant V <$100 万 m^3
	中型泥石流	1 万 $m^3 \leqslant V <$10 万 m^3
	小型泥石流	$V <$1 万 m^3

表 G.3　泥石流发育阶段划分表

判别因素	发育阶段			
	发展期	旺盛期	衰退期	停歇期
形态特征	山坡以凸型为主，形成区分散，并见逐步扩大，流通区较短，扇面新鲜，淤积较快	山坡从凸型坡转为凹型坡，沟槽堆积和堵塞现象严重，形成区扩大，流通区向上延伸，扇面新鲜，漫流现象严重	山坡以凹型为主，形成区减少，流通区向上延伸，沟槽逐渐下切，扇面陈旧，生长植物，植被较好	全沟下切，沟槽稳定，形成区基本消失，逐渐变为普通洪流，植被良好
山坡块体运动	发展明显，多见新生沟谷，有少量滑坡、崩塌等	严重发育，供给物主要来自崩塌、滑坡、错落等，片蚀、侧蚀也很发育	明显衰退，坍塌渐趋稳定，以沟槽搬运及侧蚀供给为主	山坡块体运动基本消失
塌方面积率/%	1～10	⩾10	10～1	<1
单位面积固体物质储量/万 m^3	1～10	⩾10	10～1	<1
冲淤性质与趋势	以淤为主，淤积速度增快	以淤为主，淤积值大	有冲有淤，淤积速度减小	冲刷下切
危害程度	中等	严重	中等	轻微

表 G.4　泥石流暴发规模分类表

分类指标	特大型	大型	中型	小型
泥石流一次堆积总量/万 m^3	>100	100～10	10～1	<1
泥石流洪峰流量/(m^3/s)	>200	200～100	100～50	<50

附　录　H
（规范性附录）
采空塌陷调查表

表 H.1　采空塌陷调查表

名称		地理位置	省　县（市）　乡　村　社			
编号	野外：		坐标	经度：	X：	标高
	室内：			纬度：	Y：	

发育特征		坑号	形状	坑口规模/m^2	深度/m	变形面积/m^2	规模等级	长轴方向	充水水位深/m	水位变动/m	发生时间	发展变化
	陷坑单体	1	□圆形 □方形 □短形 □不规则形				□巨型 □大型 □中型 □小型					□停止 □尚在发展

发育特征			分布、发育及发生发展情况						
陷坑群体	坑数		分布面积/km^2	排列形式	长列方向	坑口口径/m		坑的深度/m	
						最小	最大	最小	最大
				□群集式 □长列式					
			始发时间	盛发开始时间	盛发截止时间		停止时间	尚在发展情况	
								□趋增强　□趋减弱	

伴生裂缝		缝号	形态	延伸方向	倾向/(°)	倾角/(°)	长度/m	宽度/m	深度/m	性质
	单缝特征	1	□直线 □折线 □弧线							□拉张 □平移 □下错
		2								

伴生裂缝		分布、发育及发生发展情况									
	群缝特征	缝数	分布面积/km^2	间距/m	排列形式	产状	阶步指向	缝的规模			
									长/m	宽/m	深/m
					□平行 □斜列 □环围 □杂乱无章			最小			
								最大			

塌陷区地貌特征	□平原　□山间凹地　□河边阶地　□山坡　□山顶

表 H.1 采空塌陷调查表(续)

<table>
<tr><td colspan="2">成因类型</td><td colspan="2">□壁式开采</td><td>□柱式开采</td><td>□小窑开采</td></tr>
<tr><td>形成条件</td><td>地质环境条件</td><td colspan="2">地层时代及岩性：
开采层位：
岩层厚度/土层厚度：
采高：
开采时间：
工作面长度：
工作面宽度：
推进速度：
顶板管理方式：</td><td>地层时代及岩性：
开采层位：
岩层厚度/土层厚度：
采高：
开采时间：
矿房(柱)尺寸：
推进速度：
顶板管理方式：</td><td>地层时代及岩性：
开采层位：
岩层厚度/土层厚度：
采高：
开采时间：</td></tr>
<tr><td>形成条件</td><td>诱发动力因素</td><td colspan="4">□地震　□煤柱失稳　□地面加载　□重复采动　□其他水位骤变</td></tr>
<tr><td rowspan="9">灾害情况</td><td colspan="3">已有灾害损失</td><td colspan="2">潜在灾害预测</td></tr>
<tr><td colspan="3">毁田/亩：　毁房/间：
阻断交通：□铁路/m：　□公路/m：
□通讯/h：</td><td>陷坑发展预测</td><td>潜在损害预测</td></tr>
<tr><td colspan="3">地面水源枯竭
□河水流量减少/(m^3/s)
□断流/(m^3/s)：
□井泉水流量减少/(m^3/s)：
□水位降低/m：
□干枯</td><td>新增陷坑(个)：
扩大陷区/km^2：</td><td>毁田/亩：
毁房/间：</td></tr>
<tr><td colspan="3">地下井巷突水
□水量增大/(m^3/s)：　□成灾损失/万元：
□淹井损失/万元：</td><td>出现新陷区/处：</td><td>断路/h：</td></tr>
<tr><td colspan="3">淹埋地面物资：</td><td>面积/km^2：</td><td>其他：</td></tr>
<tr><td colspan="2">死亡人口/人</td><td>直接损失/万元</td><td>威胁人口/人</td><td>威胁财产/万元</td></tr>
<tr><td colspan="2"></td><td></td><td></td><td></td></tr>
<tr><td colspan="3">灾情等级：□特大型　□大型　□中型　□小型</td><td colspan="2">险情等级：□特大型　□大型　□中型　□小型</td></tr>
<tr><td colspan="5"></td></tr>
<tr><td rowspan="4">矿山基本情况</td><td colspan="3">矿山名称：</td><td colspan="2">矿区面积：</td></tr>
<tr><td colspan="3">开采方式：</td><td colspan="2">开拓方式：</td></tr>
<tr><td colspan="3">开矿日期：</td><td colspan="2">闭矿日期：</td></tr>
<tr><td colspan="3">开采层位：</td><td colspan="2"></td></tr>
<tr><td rowspan="2">防治情况</td><td colspan="3">已采取的防治措施及效果</td><td colspan="2">今后防治建议</td></tr>
<tr><td colspan="3"></td><td colspan="2"></td></tr>
<tr><td>塌陷示意图</td><td colspan="5"></td></tr>
<tr><td colspan="6">单位名称：　调查人员：　调查时间：</td></tr>
</table>

附　录　I
（规范性附录）
岩溶地面塌陷稳定性评判方法

岩溶地面塌陷稳定程度，采用岩溶地面塌陷稳定性指数进行判别。稳定性指数按下式计算：

$$K = \sum_{i=1}^{12} \theta_i \cdot \eta_i$$

式中：

K——岩溶地面塌陷稳定性指数。

θ_i，η_i——分别为控制岩溶地面塌陷危险程度的 i 类因子分值和因素权重，按表 I.1 取值。

表 I.1　岩溶地面塌陷稳定性判别因子等级划分表

判别因素				分级和取值（因子分值 θ_i）		
条件	序号（i）	指标	权重（η_i）	基本稳定级	较不稳定级	不稳定级
				1	2	3
岩溶条件（45）	1	岩溶发育程度	35	弱发育	中发育	强发育
	2	地层	5	泥质灰岩为主	灰岩为主	纯灰岩为主
	3	地貌单元	5	谷坡	山前缓坡	谷地、平原、低洼地
覆盖层条件（17）	4	土层厚度/m	11	>30	30～10	<10
	5	土层岩性	4	残积黏土、砂质黏土	冲洪积黏土、残坡积红黏土、粉砂质土	含砾粉质黏土、粉质黏土、砂
	6	土层结构	2	多层	双层（二元）	单层
构造条件（14）	7	距断层、接触带或褶皱轴的距离/m	12	>400	400～200	<200
	8	断层性质	2	压扭性	扭性	张扭性、张性
水文地质条件（24）	9	地下潜水面与基岩面距离/m	7	>10	10～5	<5
	10	地下潜水位变幅/m	4	<2	2～10	>10
	11	地下水径流强度	8	弱	中	强
	12	距地表水体距离/m	5	>200	50～200	<50

附　录　J
（规范性附录）
地裂缝野外调查表

表 J.1　地裂缝野外调查表

野外编号：

<table>
<tr><td rowspan="2">形成条件</td><td rowspan="2">引发动力因素</td><td>□地下洞室开挖</td><td>□抽排地下水</td><td colspan="2">□地震</td><td colspan="2">□水理作用</td></tr>
<tr><td>洞室埋深/m：
洞室规模：
长/m：
宽/m：
高/m：
与裂缝区位置关系：
开挖时间：
开挖方式：
开挖强度：</td><td>□井　□钻孔　□坑道
井深或坑道埋深/m：
水位水量：
日出水量：
与裂缝区位置关系：
抽排水时间：
□始于　年　月　日
□止于　年　月　日
□仍在断续</td><td colspan="2">烈度：
发生时间：
年　月　日
□断层活动
活动断层的位置：
产状：
长度：
性质：
活动时间：
活动速率：
断距：</td><td colspan="2">□降雨，　□水库水
□地表水，□地下水
作用时间：
水质(PH)：
□开挖卸荷作用
开挖时间：
方式：
深度：
□其他作用引起的干湿变化</td></tr>
<tr><td rowspan="7">灾害情况</td><td colspan="3">已有灾害损失</td><td colspan="4">潜在灾害预测</td></tr>
<tr><td colspan="3">毁房/间：
阻断交通/处：　（小时）：</td><td>裂缝发展预测</td><td colspan="3">潜在损失预测</td></tr>
<tr><td colspan="2">死亡人数/人</td><td>直接损失/万元</td><td rowspan="3">□缝数增多
□原有裂缝加大
□活动强度增加</td><td colspan="3">威胁毁房/间：
威胁交通/处：</td></tr>
<tr><td colspan="2" rowspan="2"></td><td rowspan="2"></td><td colspan="2">威胁人数/人</td><td>威胁财产/万元</td></tr>
<tr><td colspan="2"></td><td></td></tr>
<tr><td>灾情等级</td><td colspan="2">□特大型 □大型 □中型 □小型</td><td>险情等级</td><td colspan="3">□特大型 □大型 □中型 □小型</td></tr>
<tr><td>危害对象</td><td colspan="2">□县城 □村镇 □居民点 □学校 □矿山
□工厂 □水库 □电站 □农田 □饮灌渠道
□森林 □公路 □大江大河 □铁路
□输电线路 □通讯设施 □国防设施
□其他</td><td>威胁对象</td><td colspan="3">□县城 □村镇 □居民点 □学校 □矿山 □工厂
□水库 □电站 □农田 □饮灌渠道 □森林 □公路
□大江大河 □铁路 □输电线路 □通讯设施
□国防设施 □其他</td></tr>
<tr><td rowspan="2">防治情况</td><td colspan="3">已采取的防治措施及效果</td><td colspan="4">今后防治建议</td></tr>
<tr><td colspan="3"></td><td colspan="4"></td></tr>
<tr><td>遥感解译点</td><td>□是□否</td><td>勘查点</td><td>□是□否</td><td>测绘点</td><td>□是□否</td><td>防灾预案/群测群防点</td><td>□是□否</td></tr>
<tr><td colspan="2">照片记录</td><td colspan="2"></td><td colspan="2">录像记录</td><td colspan="2"></td></tr>
<tr><td>野外记录信息</td><td colspan="7"></td></tr>
</table>

附　录　K
（规范性附录）
地面沉降调查表

表 K.1　地面沉降调查表

项目名称：　　　　　　　　　　　　　　　　　　　　　　调查单位：

<table>
<tr><td>名称</td><td colspan="2"></td><td rowspan="3">地理位置</td><td colspan="8">省(市、区)　　县(市、区)　　乡　　村　　组</td></tr>
<tr><td rowspan="2">编号</td><td colspan="2">野外：</td><td rowspan="2">坐标</td><td colspan="2">经度：</td><td>X：</td><td rowspan="2">标高</td><td rowspan="2" colspan="3">m</td></tr>
<tr><td colspan="2">室内：</td><td colspan="2">纬度：</td><td>Y：</td></tr>
<tr><td rowspan="5">地质环境条件</td><td colspan="3">沉降历史及变化规律</td><td colspan="8"></td></tr>
<tr><td colspan="3">地形地貌</td><td colspan="8"></td></tr>
<tr><td colspan="3">地质构造及活动情况</td><td colspan="8"></td></tr>
<tr><td colspan="3">第四纪沉积环境和
沉积物工程地质特征</td><td colspan="8"></td></tr>
<tr><td colspan="3">水文地质特征</td><td colspan="8"></td></tr>
<tr><td rowspan="2">地面沉降现象</td><td colspan="3">□建(构)筑物破坏
□地面开裂
□井口抬升</td><td colspan="4">□桥洞净空减少
□市政设施破坏
□港口码头标高损失或堤岸失效</td><td colspan="4">□海水倒灌
□洪涝灾害
□其他</td></tr>
<tr><td colspan="3">灾害现象描述</td><td colspan="8"></td></tr>
<tr><td rowspan="4">沉降区地下水等开采概况</td><td colspan="5">地下水开采</td><td colspan="2">地下水位</td><td colspan="4">地下水回灌</td></tr>
<tr><td>开采层位</td><td>开采时间</td><td>开采井数量/眼</td><td>开采井深度/m</td><td>开采量/(m^3/a)或/(m^3/d)</td><td>开采前水位(头)高程/m</td><td>漏斗中心水位(头)高程/m</td><td>回灌层位</td><td>回灌时间</td><td>回灌井数量/眼</td><td>回灌井深度/m</td></tr>
<tr><td></td><td></td><td></td><td></td><td></td><td></td><td></td><td></td><td></td><td></td><td></td></tr>
<tr><td colspan="3">其他(油、气及固体矿产等)</td><td colspan="8"></td></tr>
<tr><td>沉降区人类活动特征</td><td colspan="11"></td></tr>
</table>

表 K.1　地面沉降调查表(续)

沉降原因		
发展趋势		
灾害现状及预测		
防治现状及建议	已采取的防治措施及效果	今后防治建议
现场图像	平(剖)面图	图片及编号： 影像及编号：

调查人：__________　　记录人：__________　　审核人：__________　　填表日期：______年____月____日